PROJETO MÚLTIPLO

Revisão

Geografia
Ensino Médio

João Carlos Moreira
Bacharel em Geografia pela Universidade de São Paulo
Mestre em Geografia Humana pela Universidade de São Paulo
Professor de Geografia da rede pública e privada de ensino por quinze anos
Advogado (OAB/SP)

Eustáquio de Sene
Bacharel e licenciado em Geografia pela Universidade de São Paulo
Doutor em Geografia Humana pela Universidade de São Paulo
Professor de Geografia da rede pública e privada de Ensino Médio por quinze anos
Professor de Metodologia do Ensino da Geografia na Faculdade de Educação da Universidade de São Paulo

editora scipione

editora scipione

Diretoria editorial e de conteúdo: Lidiane Vivaldini Olo
Editora de Ciências Humanas: Heloisa Pimentel
Editora: Francisca Edilania B. Rodrigues
Supervisão de arte e produção: Sérgio Yutaka
Supervisor de arte e criação: Didier Moraes
Coordenadora de arte e criação: Andréa Dellamagna
Editores de arte: Yong Lee Kim e Claudemir Camargo
Diagramação: Arte Ação
Design gráfico: UC Produção Editorial, Andréa Dellamagna
(miolo e capa)
Gerente de revisão: Hélia de Jesus Gonsaga
Equipe de revisão: Rosângela Muricy (coord.), Ana Paula Chabaribery Malfa, Gabriela Macedo de Andrade, Gloria Cunha e Vanessa de Paula Santos; Flávia Venézio dos Santos (estag.)
Supervisão de iconografia: Sílvio Kligin
Pesquisa iconográfica: Angelita Cardoso
Tratamento de imagem: Cesar Wolf e Fernanda Crevin
Foto da capa: Pete Ryan/National Geographic/Getty Images
Grafismos: Shutterstock/Glow Images
(utilizados na capa e aberturas de capítulos e seções)
Ilustrações: Allmaps e Cassiano Röda
Cartografia: Allmaps

Direitos desta edição cedidos à Editora Scipione S.A.
Avenida das Nações Unidas, 7221, 3º andar, Setor D
Pinheiros – CEP 05425-902 – São Paulo – SP
Tel.: 4003-3061
www.scipione.com.br / atendimento@scipione.com.br

Dados Internacionais de Catalogação na Publicação (CIP)
(Câmara Brasileira do Livro, SP, Brasil)

Moreira, João Carlos
  Projeto Múltiplo: Geografia, volume único:
partes 1, 2 e 3 / João Carlos Moreira,
Eustáquio de Sene. – 1. ed. – São Paulo:
Scipione, 2014.

  1. Geografia (Ensino médio) I. Sene, Eustáquio de.
II. Título.

14-06251   CDD-910.712

Índice para catálogo sistemático:
1. Geografia: Ensino Médio 910.712

2023
ISBN 978 85 262 9396-0 (AL)
ISBN 978 85 262 9397-7 (PR)
Código da obra CL 738776
CAE 502764 (AL)
CAE 502787 (PR)
1ª edição
9ª impressão

Impressão e acabamento: Gráfica Eskenazi

Apresentação

Caros alunos,

O terceiro ano do Ensino Médio é um momento crucial na vida dos estudantes que pretendem ingressar no Ensino Superior ou prestar concursos diversos: é um momento que exige estudo, dedicação e planejamento. A preparação para o curso superior envolve suporte intelectual para uma nova e importante fase de vida, que não passa apenas pelo acesso à universidade, mas também a muitos empregos que exigem a aprovação em concursos.

Este **Caderno de Revisão** é um importante instrumento para a consolidação dos conhecimentos adquiridos ao longo de sua jornada na escola básica, mas ele também deve colaborar para o amadurecimento intelectual e o preparo necessários ao acompanhamento de seus estudos em nível superior ou à sua inserção no mercado de trabalho.

Bom estudo!

Os autores

Sumário geral

Revisão 1

Módulo 1 Conceitos-chave da Geografia 6

Módulo 2 Planeta Terra: coordenadas, movimentos da Terra e fusos horários 10

Módulo 3 Representações cartográficas, escalas, projeções, mapas temáticos e gráficos 16

Módulo 4 Tecnologias modernas utilizadas pela Cartografia 26

Módulo 5 Estrutura geológica e formas do relevo 29

Módulo 6 Solos..................................36

Módulo 7 Clima e tipos de clima no Brasil 40

Módulo 8 Os fenômenos climáticos e a interferência humana 47

Módulo 9 Hidrografia................................51

Módulo 10 Biomas e formações vegetais: classificação e situação atual 55

Módulo 11 Questão ambiental e conferências em defesa do meio ambiente........65

Módulo 12 Etapas do capitalismo....................71

Módulo 13 A globalização e seus principais fluxos 76

Módulo 14 Desenvolvimento humano e objetivos do milênio 81

Módulo 15 Ordem geopolítica e econômica: do pós-Segunda Guerra aos dias de hoje....................................86

Módulo 16 Conflitos armados no mundo........92

Exercícios-tarefa 96

Respostas....................................... 149

Revisão 2

Módulo 17 Geografia das indústrias............. 154

Módulo 18 Países pioneiros no processo de industrialização.................... 158

Módulo 19 Países de industrialização tardia.. 162

Módulo 20 Países de industrialização planificada 167

Módulo 21 Países recentemente industrializados........................ 172

Módulo 22 O comércio internacional e os principais blocos regionais.......... 177

Módulo 23 Industrialização brasileira 183

Módulo 24 A economia brasileira a partir de 1985 190

Módulo 25 A produção de energia no Brasil... 199

Módulo 26 Características e crescimento da população mundial 206

Módulo 27 Os fluxos migratórios e a estrutura da população 213

Módulo 28 Aspectos demográficos e estrutura da população brasileira.............. 217

Módulo 29 A formação e a diversidade cultural da população brasileira... 223

Módulo 30 O espaço urbano do mundo contemporâneo 228

Módulo 31 As cidades e a urbanização brasileira................................. 235

Módulo 32 Organização da produção agropecuária 239

Módulo 33 A agropecuária no Brasil 244

Exercícios-tarefa 249

Respostas... 285

Revisão 1

MÓDULO 1 Conceitos-chave da Geografia 6

MÓDULO 2 Planeta Terra: coordenadas, movimentos da Terra e fusos horários 10

MÓDULO 3 Representações cartográficas, escalas, projeções, mapas temáticos e gráficos 16

MÓDULO 4 Tecnologias modernas utilizadas pela Cartografia 26

MÓDULO 5 Estrutura geológica e formas do relevo 29

MÓDULO 6 Solos 36

MÓDULO 7 Clima e tipos de clima no Brasil 40

MÓDULO 8 Os fenômenos climáticos e a interferência humana 47

MÓDULO 9 Hidrografia 51

MÓDULO 10 Biomas e formações vegetais: classificação e situação atual 55

MÓDULO 11 Questão ambiental e conferências em defesa do meio ambiente 65

MÓDULO 12 Etapas do capitalismo 71

MÓDULO 13 A globalização e seus principais fluxos 76

MÓDULO 14 Desenvolvimento humano e objetivos do milênio 81

MÓDULO 15 Ordem geopolítica e econômica: do pós-Segunda Guerra aos dias de hoje 86

MÓDULO 16 Conflitos armados no mundo 92

Exercícios-tarefa 96

Respostas 149

MÓDULO 1 • Conceitos-chave da Geografia

1. Conceitos-chave da Geografia

A **Geografia**, como ciência, dedica-se a compreender as **relações** entre a **sociedade** e a **natureza** em diversas escalas, e é por isso que estudamos essa disciplina na escola. Para atingir esse objetivo, utiliza diversos conceitos que lhes são próprios e lhes dão identidade, mas também toma emprestados conceitos de outras disciplinas.

O **espaço geográfico** é o conceito mais amplo da Geografia e dele se derivam outros recortes conceituais e analíticos da disciplina como paisagem, lugar, região e território.

- O espaço geográfico é o resultado da relação sociedade-natureza e é produzido ao longo da história pelo trabalho humano transformador; muitas de suas características são visíveis na paisagem, mas algumas não são.

A **paisagem** é a face visível do espaço geográfico, mas também pode ser captada por outros sentidos, como a audição e o olfato.

- A paisagem é chamada **natural** quando é composta apenas de elementos naturais, construídos pela dinâmica da natureza.
- A paisagem é chamada **cultural** quando é composta de elementos naturais e elementos culturais, estes produzidos pelo trabalho humano.

O **espaço** pode ser analisado ou vivenciado em diferentes **escalas geográficas**: lugar, território e região.

A escala geográfica é o recorte analítico do espaço geográfico e pode ser local, nacional, regional e mundial.

- O **lugar** é escala geográfica onde se desenvolve a vida cotidiana, é o espaço da interação entre as pessoas em suas relações de amizade, estudos, trabalho e lazer.
  ▸ O lugar é composto das relações sociais e da paisagem, e esta é indissociável daquele.
  ▸ No lugar construímos nossa identidade socioespacial.

O Monte Everest, na Cordilheira do Himalaia (foto de 2010), é um exemplo da paisagem natural.

Por meio do trabalho o homem transforma a natureza e produz o espaço geográfico. Na foto de 2011, mineradores procuram diamantes em Kono, Serra Leoa.

O Central Park, em Nova York, Estados Unidos (foto de 2011), é um exemplo da paisagem cultural.

- O **território** é o espaço de poder, é a área que está sob o controle de algum agente social.
  - ▸ O território pode ser ocupado pelo poder do Estado nacional – nas esferas federal, estadual e municipal – e também por outros agentes – grupos guerrilheiros, narcotraficantes, etc. – muitas vezes em disputa com o Estado.
- A **região** é o espaço das particularidades, é uma área de tamanho variável que se diferencia das demais.
  - ▸ A região pode ser natural, quando o critério de definição é a paisagem natural; ou geográfica, quando o critério é a paisagem cultural.
  - ▸ Com o avanço da globalização, num mundo organizado em redes, tem-se reduzido o isolamento e a diferenciação entre as regiões.

O **meio geográfico** nos primórdios da humanidade era formado apenas pelo meio natural, que com a gradativa incorporação de técnicas transformou-se em meio técnico e que, atualmente, com a incorporação de ciência e técnica, transformou-se em **meio técnico-científico-informacional**.

Exercício resolvido

- (UFBA)

Reprodução/Prova UFBA

Em relação ao estudo da Geografia – considerando-se suas peculiaridades conceituais e suas abordagens direcionadas para os vetores sociedade-natureza –, pode-se afirmar:

(01) A Geografia é uma ciência peculiar, pois, à luz do presente, procura desvendar e reconstituir o passado das condições físicas originais de uma determinada região, estabelecendo, assim, diversas analogias entre fatos e fenômenos estruturais diferentes numa mesma localidade.

(02) O conceito de espaço geográfico abrange, na realidade, tudo que o homem imprime na natureza ao longo do tempo, deixando marcas do seu trabalho e da sua cultura, modificações permanentes que vão criando uma nova imagem das regiões.

(04) A paisagem geográfica constitui a expressão do jogo de relações entre os processos endógenos e exógenos, acrescidos dos culturais, ou seja, reúne uma série de elementos naturais, humanizados e artificiais, que se encontram em diferentes estágios de transformação.

(08) A localização é um dos princípios básicos da Geografia, que permite deduzir que duas cidades posicionadas na mesma faixa zonal necessariamente não se encontram em latitudes e hemisférios semelhantes, podendo estar situadas, simultaneamente, em domínios naturais opostos.

(16) O conceito de "território", sob o prisma geográfico, está ligado às relações de poder, ou seja, àqueles aspectos relacionados, entre outros, à política, enquanto o conceito de "lugar" corresponde a uma fração do espaço, onde se vive o cotidiano e se cria uma identidade.

(32) Os atuais avanços tecnológicos alcançados pelas novas geotecnologias — entre as quais o monitoramento por imagens de satélites e o geoprocessamento — possibilitam aos países do hemisfério norte prever e controlar a extensão dos estragos provocados pelas grandes catástrofes naturais.

(64) A concepção de "natureza", na abordagem geográfica contemporânea, assume uma posição privilegiada, como agente determinante inexorável da vida, ou seja, todos os mecanismos geradores do ambiente são responsáveis pela adaptação, ou não, do homem a uma região.

Resposta

A soma é 28. As afirmações 04, 08 e 16 estão corretas. As incorretas são:

(01) A imagem do enunciado faz referência à relação sociedade-natureza, objeto de estudo da Geografia, mas esta afirmação menciona somente as condições físicas, sem abordar a ação humana na produção do espaço.

(02) A paisagem, a face visível do espaço geográfico, é formada por elementos naturais e culturais que sofrem modificações ao longo do tempo; portanto, não é correto falar em "modificações permanentes". Os elementos da paisagem são dinâmicos, estão em constante transformação.

(32) O domínio das geotecnologias, como o sensoriamento remoto, possibilita prever diversos fenômenos naturais, como os furacões, mas não pode controlá-los; pode minimizar perdas humanas com a retirada da população da área a ser atingida, mas não evitar estragos materiais.

(64) Embora tenha influência, a natureza não é "agente determinante" na adaptação humana. Os fatores culturais, sociais e econômicos são mais importantes.

Exercícios propostos

Testes

1. (UFU-MG) A Geografia se expressou e se expressa a partir de um conjunto de conceitos que, por vezes, são considerados erroneamente como equivalentes, a exemplo do uso do conceito de espaço geográfico como equivalente ao de paisagem, entre outros. Considerando os conceitos de espaço geográfico, paisagem, território e lugar, assinale a alternativa INCORRETA.

   a) A paisagem geográfica é a parte visível do espaço e pode ser descrita a partir dos elementos ou dos objetos que a compõem. A paisagem é formada apenas por elementos naturais; quando os elementos humanos e sociais passam a integrar a paisagem, ela se torna sinônimo de espaço geográfico.

   b) O espaço geográfico é (re)construído pelas sociedades humanas ao longo do tempo, através do trabalho. Para tanto, as sociedades utilizam técnicas de que dispõem segundo o momento histórico que vivem, suas crenças e valores, normas e interesses econômicos. Assim, pode-se afirmar que o espaço geográfico é um produto social e histórico.

   c) O lugar é concebido como uma forma de tratamento geográfico do mundo vivido, pois é a parte do espaço onde vivemos, ou seja, é o espaço onde moramos, trabalhamos e estudamos, onde estabelecemos vínculos afetivos.

   d) Historicamente, a concepção de território associa-se à ideia de natureza e sociedade configuradas por um limite de extensão do poder. A categoria território possui uma relação estreita com a de paisagem e pode ser considerada como um conjunto de paisagens contido pelos limites políticos e administrativos de uma cidade, estado ou país.

2. (UFRGS-RS) Leia a letra da canção, *Ora bolas*, de Paulo Tatit e Edith Derdyk.

   Oi, oi, oi,
   Olha aquela bola,
   A bola pula bem no pé,
   No pé do menino.
   Esse menino é meu vizinho.
   Onde ele mora?
   Mora lá naquela casa.
   Onde está a casa?
   A casa tá na rua.
   Onde está a rua?
   Tá dentro da cidade.
   Onde está a cidade?
   Tá do lado da floresta.
   Onde é a floresta?
   A floresta é no Brasil.
   Onde está o Brasil?
   Tá na América do Sul,
   No continente Americano cercado de oceano
   E das terras mais distantes,
   De todo o planeta.
   E como que é o planeta?
   O planeta é uma bola,
   Que rebola lá no céu.
   Oi, oi, oi,
   Olha aquela bola.

   TATIT, Paulo. Ora bolas. *Canções de brincar.* São Paulo: Palavra Cantada, 1996. 1 CD-ROM.

   A canção aborda uma temática importante para compreender a produção do espaço geográfico e essa temática pode ser definida como

   a) migração intraurbana.

   b) diferentes níveis de escala geográfica.

   c) transformações na paisagem natural.

   d) formação do espaço urbano.

   e) integração econômica no continente americano.

3. (Unimontes-MG) Para o entendimento dessa categoria geográfica, Santos (1986) sugere que deve ser considerada "como um conjunto de relações realizadas através de funções e de formas que se apresentam como testemunho de uma história escrita por processos do passado e do presente".

   SANTOS, Milton. *Por uma geografia nova.* São Paulo: Hucitec. 1986.

   A qual categoria geográfica se refere o texto?

   a) Lugar.

   b) Espaço.

   c) Território.

   d) Paisagem.

4. (UFPE) Leia atentamente o texto abaixo.

   Os geógrafos, ao lado de outros cientistas sociais, devem se preparar para colocar os fundamentos de um espaço verdadeiramente humano, um espaço que una os homens por e para seu trabalho, mas não em seguida os separar entre classes, entre exploradores e explorados; um espaço matéria inerte trabalhado pelo homem, mas não para se voltar contra ele; um espaço, natureza social aberta à contemplação direta dos seres humanos, e não um artifício; um espaço instrumento de reprodução da vida, e não uma mercadoria trabalhada por uma outra mercadoria, o homem artificializado.

   SANTOS, Milton. *Por uma geografia nova*: da crítica da geografia a uma geografia crítica. São Paulo: Hucitec, 1990. p. 219.

   Considerando o texto e as bases da evolução da Geografia, podemos afirmar que:

   ( ) A Geografia, muitas vezes, foi articulada a serviço da dominação e, na perspectiva da Geografia Crítica, a referida ciência necessita ser reformulada para ser uma ciência da paisagem.

(   ) O novo saber dos espaços deve apresentar a tarefa fundamental de denunciar todas as mistificações que as ciências do espaço puderam criar e confundir.

(   ) Os geógrafos que invocam o marxismo o fazem a partir de uma perspectiva muito mais limitada, como uma filiação ideológica ou como mais uma crença em uma via metodológica única, que será aquela da "verdadeira" Geografia, e se reconhecem a importância e a riqueza de outras condutas possíveis na Geografia.

(   ) Ao considerar o quadro da Geografia de análise marxista, o espaço deve ser considerado como produto ambiental, isto é, ele só pode ser explicado recorrendo aos aspectos fundamentais que organizam o Estado.

(   ) O subjetivismo e até mesmo o irracionalismo marcam, desde o início, a Geografia Crítica, mas é nos textos mais atuais que esses traços aparecem mais marcada e explicitamente. Destacam-se, na referida escola geográfica, também, os conceitos relativos à função e ao caráter nodal dos espaços urbanos, na perspectiva dos estudos regionais desenvolvidos por Paul Vidal de La Blache.

5. (UFPB) A terceira revolução industrial consolidou-se com o aprofundamento da globalização. Nesse contexto, tornou-se hegemônica a configuração do espaço mundial determinada, dentre outros aspectos, pelo meio técnico-científico-informacional, segundo assinala o professor Milton Santos. Essa configuração pode ser representada a partir do mapa a seguir.

Distribuição irregular da tecnologia no espaço mundial – final do século XX

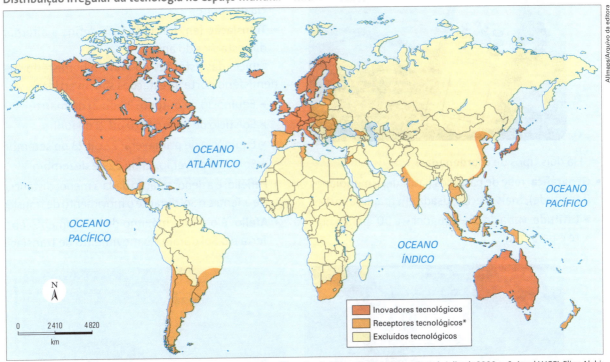

SACHS, Jeffrey. *Gazeta Mercantil*, 30 de junho, 1º e 2 de julho de 2000. p. 2. Apud LUCCI, Elian Alabi; BRANCO, Anselmo Lazaro; MENDONÇA, Cláudio. *Geografia geral e do Brasil*. São Paulo, Editora Saraiva, 2003.

Considerando o exposto, conclui-se que a Organização do Espaço Mundial representada no mapa está corretamente caracterizada em:

a) A distribuição regular da tecnologia no espaço mundial reproduz o fato de que os países mais ricos sempre investiram mais em educação do que os países pobres.

b) A ocorrência de desenvolvimento de uma nova modalidade da Divisão Internacional do Trabalho estabelece a histórica dominação dos países ricos sobre os pobres, através do controle da técnica, da ciência e da informação.

c) A distribuição irregular da tecnologia no espaço mundial significa uma situação momentânea, pois o próprio tempo histórico se encarregará de resolver essa irregularidade.

d) A distribuição irregular do saber tecnológico está relacionada ao histórico determinismo ambiental, em que os países de clima frio detêm maior conhecimento tecnológico do que aqueles de áreas tropicais.

e) A distribuição regular da tecnologia no espaço mundial ocorre de maneira diferenciada, quando se compara com o desenvolvimento socioeconômico, pois os países inovadores de tecnologias são economicamente desenvolvidos.

Questão

6. (UFPR) Caracterize os elementos que formam uma paisagem natural e escolha pelo menos dois desses elementos, demonstrando como interagem entre si, formando a paisagem.

MÓDULO 2 • Planeta Terra: coordenadas, movimentos da Terra e fusos horários

1. Orientação e coordenadas

A **orientação** no espaço geográfico pode ser feita pelo(a/as):
- Sol ou estrelas: pontos cardeais e colaterais (imprecisa);
- Bússola: pontos cardeais e colaterais (mais precisa);
- GPS: coordenadas geográficas, altitude e hora (grande precisão).

Há dois tipos de **coordenadas**:
- **Geográfica**: rede de paralelos (latitude) e meridianos (longitude); mais precisa, usada em mapas e cartas.
  ▸ **Latitude**: varia de 0° – Equador – a 90° para o norte e para o sul;
  ▸ **Longitude**: varia de 0° – Meridiano de Greenwich – a 180° para o leste e para o oeste.
- **Alfanumérica**: grade de letras e números; menos precisa, usada em plantas urbanas.

2. Movimentos da Terra e estações do ano

O planeta Terra possui dois **movimentos** principais:
- **Rotação** (em torno de si mesmo): define a alternância dia/noite;
- **Translação** (em torno do Sol): define a alternância das estações do ano.

Início das **estações do ano** no hemisfério sul (no hemisfério norte as estações são invertidas):
▸ Equinócio de outono: 20 ou 21 de março;
▸ Solstício de inverno: 20 ou 21 de junho;
▸ Equinócio de primavera: 22 ou 23 de setembro;
▸ Solstício de verão: 21 ou 22 de dezembro.
- **Periélio**: é a denominação dada à menor distância entre a Terra e o Sol durante o movimento de translação;
- **Afélio**: é o ponto máximo de afastamento entre a Terra e o Sol durante o movimento de translação.

Equinócio de outono

Solstício de inverno

Equinócio de primavera

Solstício de verão

3. Fusos horários e horário de verão

Fusos horários no planeta

Há fusos horários teóricos e também fusos horários práticos.

- **Fusos teóricos**: são 24 de 15 graus, sendo que a hora de referência é o Meridiano de Greenwich, o Tempo Universal Coordenado (UTC);
- **Fusos práticos**: são definidos para facilitar a vida das pessoas nos territórios, podem ser maior ou menor que 15 graus e alguns têm horário quebrado.

A hora aumenta para leste e diminui para oeste a partir de qualquer referência.

Fusos horários brasileiros

Como mostra o mapa a seguir, o Brasil possui quatro fusos horários atrasados em relação ao Meridiano de Greenwich (UTC 0 hora).

Horário de verão brasileiro

Visando à economia de energia, todos os anos os relógios são adiantados em uma hora em parte do território entre zero hora do terceiro domingo de outubro e zero hora do terceiro domingo de fevereiro do próximo ano (exceto quando coincide com o Carnaval, quando é postergado para o domingo seguinte).

Observe o mapa abaixo e compare-o com o anterior para descobrir quais estados adotam o horário de verão.

Fusos horários adotados na Hora Legal Brasileira em referência ao Tempo Universal Coordenado (UTC) – mapa com horário de verão – 2013-2014

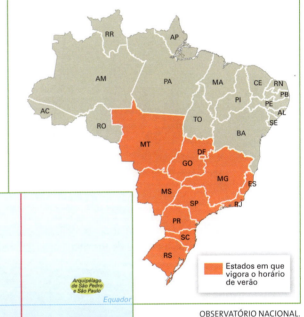

OBSERVATÓRIO NACIONAL. Divisão Serviço da Hora. Hora Legal Brasileira. Disponível em: <http://pcdsh01.on.br>. Acesso em: 5 ago. 2014.

Fusos horários adotados na Hora Legal Brasileira em referência ao Tempo Universal Coordenado (UTC) – mapa sem horário de verão

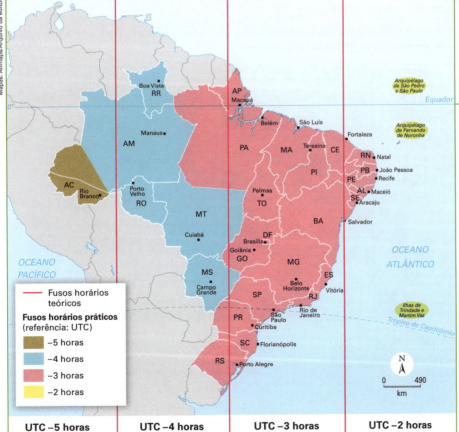

OBSERVATÓRIO NACIONAL. Divisão Serviço da Hora (DSHO). Histórico do horário de verão. Disponível em: <http://pcdsh01.on.br>. Acesso em: 5 ago. 2014.

Exercícios resolvidos

1. (Unesp-SP) O mapa representa as diferenças de horário na América do Sul em função dos diferentes fusos.

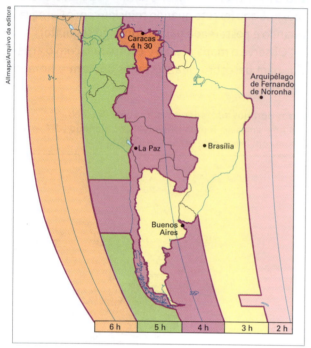

Adaptado de: IBGE. Atlas geográfico escolar, 2009.

A seção de abertura da Rio+20 ocorreu no Rio de Janeiro, no dia 20 de junho de 2012. A presidente da República do Brasil, Dilma Rousseff, fez um pronunciamento à nação às 21 horas, horário de Brasília. Os moradores de La Paz, na Bolívia, de Caracas, na Venezuela, de Buenos Aires, na Argentina, e do Arquipélago de Fernando de Noronha, no Brasil, se quisessem assistir ao vivo à fala da presidente, deveriam ter ligado seus televisores, respectivamente, nos seguintes horários:

a) 22h; 20h30; 21h; 19h.
b) 20h; 21h30; 21h; 22h.
c) 21h; 22h30; 20h; 22h.
d) 18h; 22h30; 20h; 19h.
e) 20h; 19h30; 21h; 22h.

Resposta

Alternativa **E**. Para resolver esse exercício basta situar as cidades no mapa de fusos horários válidos para a América do Sul. Em Brasília são 21h, e a capital brasileira está no fuso UTC −3h; como La Paz está no fuso UTC −4h, lá serão 20h, uma hora a menos; Caracas tem fuso quebrado, UTC −4h30min, portanto, lá serão 19h30min; Buenos Aires, embora esteja no fuso teórico −4h, adota o fuso UTC −3h, por isso, tem a mesma hora de Brasília; finalmente, Fernando de Noronha, no fuso UTC −2h, tem uma hora a mais que a capital federal.

2. (UFRN) Um estudante australiano, ao realizar pesquisas sobre o Brasil, considerou importante saber a localização exata de sua capital, a cidade de Brasília. Para isso, consultou o mapa a seguir:

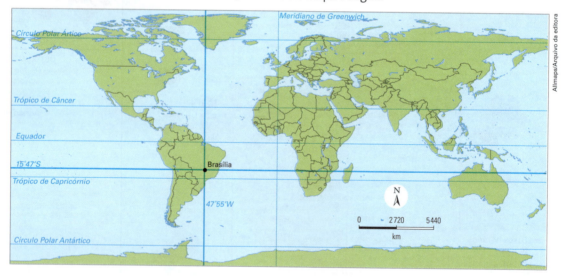

O mapa consultado pelo estudante australiano permitiu identificar a localização exata de Brasília, a qual se estabelece a partir de

a) projeção cartográfica.
b) escala geográfica.
c) coordenadas geográficas.
d) convenções cartográficas.

Resposta

O mapa mostra as coordenadas de Brasília: latitude 15°47' S e longitude 47°55' W. Dessa forma, deixa claro que é necessário o cruzamento de um meridiano com um paralelo para identificar qualquer ponto da superfície terrestre, como é o caso da capital brasileira. A alternativa correta é a **C**.

Exercícios propostos

Testes

1. (PUC-RJ) Em uma situação aleatória, uma pessoa que viaja, de automóvel, de São Paulo para Brasília, de Brasília para Manaus, de Manaus para Belém do Pará e de Belém do Pará para Salvador, vai percorrer o trajeto, respectivamente, nas seguintes direções (com base nos pontos cardeais e colaterais, abaixo):

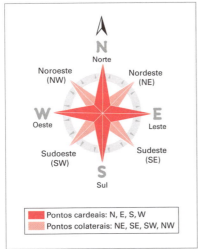

Organizado pelos autores.

   a) norte; noroeste; sudeste; nordeste.
   b) norte; noroeste; nordeste; sudeste.
   c) noroeste; norte; sudeste; nordeste.
   d) norte; sudeste; nordeste; sudoeste.
   e) noroeste; sudeste; nordeste; sudeste.

2. (UnB-DF)

   Quando estou alegre, uso os meridianos da longitude e os paralelos da latitude para trançar uma rede e vou em busca das baleias do Oceano Atlântico.

   Mark Twain. *Life on the Mississipi.* In: Dava Sobel. Longitude. Rio de Janeiro: Ediouro, 1996. p. 11.

   Com base no trecho acima, de Mark Twain, e nos conhecimentos necessários à localização e ao deslocamento na superfície terrestre, assinale a opção correta.

   a) Mark Twain faz alusão ao sistema de coordenadas geográficas, o qual é referência para a localização de quaisquer pontos na superfície da Terra.
   b) A longitude é definida a partir de meridianos, que, estabelecidos paralelamente entre si, determinam a localização dos hemisférios oriental e ocidental.
   c) A latitude é medida, em graus, a partir da linha do Equador (0°) em direção tanto ao hemisfério norte quanto ao hemisfério sul.
   d) Para a localização no espaço terrestre, o GPS (*global position system*) tem-se revelado mais eficiente que a determinação da latitude e da longitude.

3. (PUC-RJ)

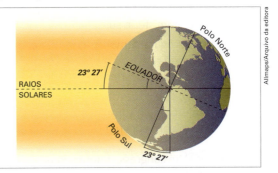

Adaptado de: <http://apaginaff1.blogspot.com.br/2010/03/dias-mais-curtos-climas-mais-acentuados.html>. Acesso em: 5 ago. 2014.

Levando-se em consideração a posição do planeta Terra apresentada no cartograma acima, conclui-se que as populações localizadas na faixa latitudinal 45° N estão sob a seguinte estação do ano:

a) Verão.
b) Outono.
c) Inverno.
d) Primavera.
e) Em transição.

4. (Ufes)
Solstícios e equinócios

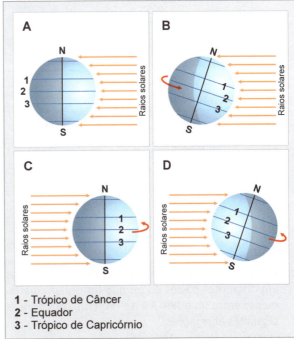

1 - Trópico de Câncer
2 - Equador
3 - Trópico de Capricórnio

SENE, E.; MOREIRA, J. C., 1998.

A distribuição de energia solar, ou insolação, depende dos movimentos de rotação e translação da Terra. Esses movimentos são os responsáveis pela recepção do calor e, consequentemente, pela distribuição da vida em torno do globo.
Considerando a importância da insolação e observando a figura anterior, não se pode dizer que:

13

a) o item A da figura demonstra o equinócio de primavera no hemisfério norte ou o equinócio de outono no hemisfério sul.

b) o item B da figura demonstra o solstício de verão no hemisfério norte ou o solstício de inverno no hemisfério sul, que ocorrem por volta de 21 de junho.

c) a inclinação do eixo de rotação da Terra, em relação à sua trajetória em torno do Sol, é um dos fatos que determinam a ocorrência das estações do ano.

d) quanto mais nos afastamos do Equador, maior a inclinação com que os raios solares incidem na superfície terrestre e maior, portanto, a área aquecida pela mesma quantidade de energia, o que torna as temperaturas mais baixas.

e) no solstício de verão, o dia é mais curto e a noite é mais longa; no solstício de inverno, a noite é mais curta e o dia é mais longo.

5. (Unifesp-SP) Um congresso internacional, com sede em Roma, promoverá uma videoconferência no dia 20 de abril, às 14h00 do horário local, da qual participarão pesquisadores que estarão nessa cidade, em São Paulo, em Tóquio e em Mumbai. Observe o mapa abaixo e assinale a alternativa que indica o horário em que cada pesquisador deverá estar com seu computador "plugado" no evento.

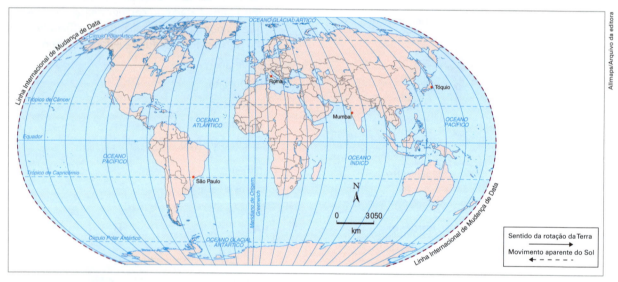

	São Paulo	Tóquio	Mumbai
a)	9h00	18h00	22h00
b)	10h00	22h00	18h00
c)	10h00	23h00	18h00
d)	9h00	22h00	19h00
e)	10h00	19h00	22h00

6. (UFRGS-RS) As bolsas de valores mesmo localizadas em diferentes países do mundo funcionam diariamente entre 9h e 18h. A esse respeito, considere as seguintes afirmações.

I. O aumento do valor das ações de uma companhia multinacional ocorrido às 10 horas do dia 1º/12/2011 na bolsa de valores de Tóquio influenciará, neste mesmo momento, as operações relativas a essas ações na bolsa de valores de Nova Iorque.

II. O encerramento das atividades da bolsa de valores de Tóquio ocorre no mesmo dia em que a bolsa de valores de São Paulo inicia suas atividades às 9h.

III. O encerramento das atividades da bolsa de valores de Nova Iorque acontece ao final da tarde do dia 1º/12/2011, ao mesmo tempo, ocorre a abertura das atividades da bolsa de valores de Tóquio na manhã do dia 2/12/2011.

Quais estão corretas?

a) Apenas I.
b) Apenas II.
c) Apenas III.
d) Apenas I e II.
e) Apenas II e III.

7. (CFTSC)
   Com base no mapa dos fusos horários do Brasil, analise as proposições abaixo.

   I. Atualmente o Brasil possui 4 fusos horários.
   II. O estado do Acre encontra-se no 3º fuso horário brasileiro.
   III. A maioria dos estados brasileiros encontra-se no fuso horário de Brasília (45° W).
   IV. Se em Araranguá, Jaraguá do Sul e Joinville são 18 horas, na capital do estado do Piauí são 19 horas.

   Assinale a alternativa CORRETA.

   a) Apenas as proposições II e III são VERDADEIRAS.
   b) Apenas a proposição IV é VERDADEIRA.
   c) Apenas as proposições I e III são VERDADEIRAS.
   d) Apenas a proposição II é VERDADEIRA.
   e) Apenas a proposição I é VERDADEIRA.

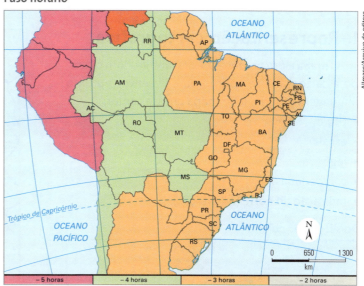

Fuso horário

Disponível em: <www.ibge.gov.br>. Acesso em: 5 ago. 2014.

Questão

8. (UFJF-MG) Leia a figura abaixo.

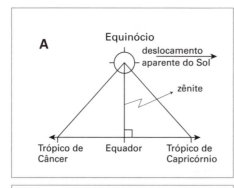
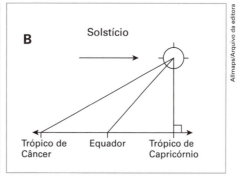
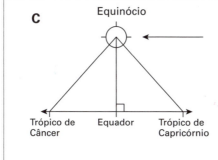
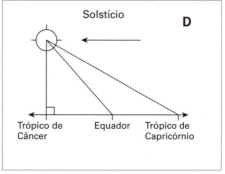

Adaptado de: COIMBRA, Pedro J.; TIBÚRCIO, José A. M. *Geografia*: uma análise do espaço geográfico. 3. ed. São Paulo: Habra, 2006. p. 17.

a) Por que se utiliza a expressão "deslocamento aparente do Sol"?
b) Os equinócios e os solstícios determinam o início das: _____
c) Os trópicos de Câncer e Capricórnio são linhas imaginárias que passam a 23°27' ao norte e ao sul da linha do Equador. Com base na figura, o que explica esse valor: 23°27' N e S?

MÓDULO 3 • Representações cartográficas, escalas, projeções, mapas temáticos e gráficos

1. Representação cartográfica

O **mapa** é um produto cultural antigo. Com o tempo a cartografia se aprimorou e desenvolveu uma linguagem própria. Todo mapa precisa conter:
- título;
- escala;
- legenda;
- coordenadas;
- indicação do norte (orientação).

Brasil: divisão política

Adaptado de: IBGE. *Atlas geográfico escolar.* 6. ed. Rio de Janeiro, 2012. p. 90.

Num mapa feito nesta escala, mesmo as capitais dos estados brasileiros ficam reduzidas a pontos, até mesmo a maior cidade do país, São Paulo (SP), que em 2010, segundo o IBGE, tinha 11,3 milhões de habitantes.

Os mapas podem ser:
- **topográficos** (ou de base): resultam de levantamento sistemático, são mais precisos;
- **temáticos**: nesses, a preocupação maior é com a representação dos temas retratados.

Um produto cartográfico pode ser um(a):
- **mapa**: escala pequena, pouco detalhado, baixa precisão, grande deformação;
- **carta**: escala de média para grande, muito detalhado, alta precisão, sem deformação, articulação em folhas;
- **planta**: escala grande, muito detalhado, alta precisão, sem deformação.

Mapa

Carta

Planta

Os mapas e as cartas topográficas identificam a posição:
- **planimétrica**: os fenômenos representados estão na horizontal, no plano — cidades, campos agrícolas, florestas, etc.;
- **altimétrica**: os fenômenos representados estão na vertical; mostra a altitude do relevo e a profundidade dos oceanos por meio de curvas de nível.

2. Escalas cartográfica e geográfica

A **escala** pode ser:
- **geográfica**: define o recorte analítico do território;
- **cartográfica**: indica a proporção entre o elemento real e o representado.

A escala geográfica pode ser:
- **local**: praça, bairro, vila, cidade, etc.;
- **regional**: Nordeste, Sudeste, etc.; Mercosul, União Europeia, etc.; América Latina, África Subsaariana, etc.;
- **nacional**: Brasil, Argentina, França, Japão, etc.;
- **continental**: América, África, Europa, etc.;
- **global**: mundo.

A escala cartográfica pode ser:
- **numérica**: 1:50 000;
- **gráfica**:

Na utilização da **escala cartográfica** é importante ater-se às seguintes convenções:

Escala = 1 / N
N = denominador da escala
D = distância na superfície terrestre
d = distância no documento cartográfico

Aplicando **regra de três simples** podemos deduzir as seguintes fórmulas, as quais permitem encontrar qualquer uma das três variáveis acima:

«D = d x N»
«d = D / N»
«N = D / d»

3. Projeções cartográficas

Projeção cartográfica é o resultado de um conjunto de operações que possibilita representar no plano os fenômenos que estão dispostos numa superfície esférica, tendo como referência uma rede de coordenadas.

Dependendo da figura geométrica adotada em sua construção, uma projeção cartográfica pode ter forma:
- cônica;

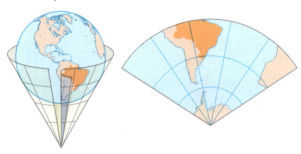

- cilíndrica;

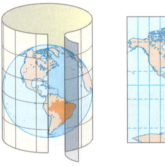

- plana (ou azimutal).

Dependendo dos elementos que conserva ou distorce, uma projeção cartográfica pode ser classificada como:
- **conforme**: preserva as formas e distorce as áreas. Exemplo: Mercator.

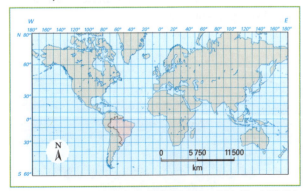

Adaptado de: CHARLIER, Jacques (Dir.). *Atlas du 21ᵉ siècle*. Groningen: Wolters-Noordhoff; Paris: Éditions Nathan, 2011. p. 8.

- **equivalente**: preserva as áreas e distorce as formas. Exemplo: Peters.

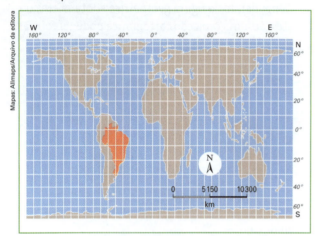

Adaptado de: CHARLIER, Jacques (Dir.). *Atlas du 21ᵉ siècle 2012*. Groningen: Wolters-Noordhoff; Paris: Éditions Nathan, 2011. p. 8.

- **equidistante**: preserva as distâncias a partir do centro e distorce formas e áreas. Exemplo: Postel.

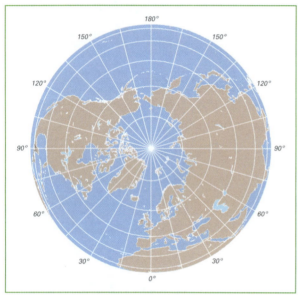

Adaptado de: CHARLIER, Jacques (Dir.). *Atlas du 21ᵉ siècle 2012*. Groningen: Wolters-Noordhoff; Paris: Éditions Nathan, 2011. p. 9.

- **afilática**: distorce todos os elementos mencionados acima, mas sem os exageros das projeções anteriores. Exemplo: Robinson.

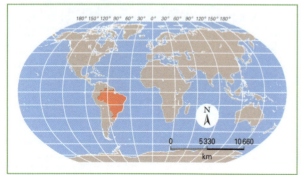

Adaptado de: IBGE. *Atlas geográfico escolar*. 6. ed. Rio de Janeiro, 2012. p. 24.

4. Diferentes visões de mundo

Como o mapa é um produto cultural, produzido num tempo e num espaço determinados, em geral ele expressa um ponto de vista de seu autor e de seu país, da cultura a que pertence, embora possa também expressar uma crítica à visão dominante.

Há diversas visões do mundo. Entre outras, destacam-se:

- **Eurocêntrica**: a mais antiga, expressa o etnocentrismo europeu desde o início da expansão marítima;

- **Americanocêntrica**: expressa o mundo visto pelos norte-americanos, especialmente quando os Estados Unidos tornaram-se uma potência mundial;

- **Nipocêntrica**: expressa o mundo visto pelos japoneses em sua busca de afirmação;

- **Brasilcêntrica**: expressa o mundo visto pelos brasileiros – pouco difundida, pois aqui estamos mais acostumados com a visão eurocêntrica.

5. Mapas temáticos

A **cartografia temática**, como o próprio nome sugere, representa os diversos temas da realidade socioespacial.

As **representações da cartografia temática**, dependendo da manifestação espacial do fenômeno e da escala, podem ser classificadas em:

- **pontuais**: fenômenos que se manifestam como pontos – cidades, indústrias, portos, etc.;

- **lineares**: fenômenos que se manifestam como linhas – rios, rodovias, ferrovias, etc.;

- **zonais**: fenômenos que se manifestam como áreas – formações vegetais, tipos climáticos, cultivos agrícolas, etc.

Fenômenos pontuais, lineares e zonais podem ser representados isoladamente ou mesmo em conjunto num único mapa.

Os **mapas temáticos**, além de representarem a localização e a proporção dos fenômenos do espaço geográfico, podem mostrar sua diversidade de:

- qualidade;
- quantidade;
- ordem;
- dinâmica.

Anamorfose

Anamorfose é um tipo particular de mapa temático que mostra o tamanho do território (em geral de países) proporcional ao fenômeno representado. Por exemplo, num mapa-múndi político tradicional, a Rússia é o país que aparece em destaque, porque é o mais extenso do mundo; já em uma anamorfose, que representa os países em tamanho proporcional:

- ao **PIB**, o país que aparece em destaque são os Estados Unidos, a maior economia do mundo.

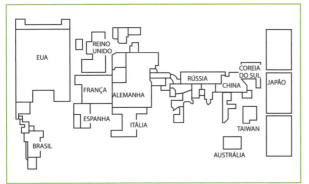

Disponível em: <http://raffageo.blogspot.com/2009/11/anamorfoses.htm/>. Acesso em: 5 ago. 2014.

- à **população**, o país que aparece em destaque é a China, o mais populoso do planeta.

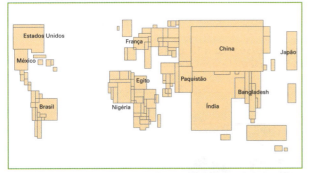

Disponível em: <www.worldmapper.org/display.php?selected=2>. Acesso em: 5 ago. 2014.

6. Gráficos

Um **gráfico** serve para mostrar a relação entre as informações da realidade que podem ser expressas numericamente, e sua leitura é mais simples e rápida do que uma tabela.

Embora haja diversos tipos de gráfico, os mais utilizados são os **gráficos de**:

- **linhas**: indicados para representar séries estatísticas cronológicas;
- **colunas** ou **barras**: podem representar qualquer série estatística;
- **setores**: indicados para destacar as partes em que se divide um fenômeno.

Exercícios resolvidos

MÓDULO 3

1. (Unicamp-SP) Escala, em cartografia, é a relação matemática entre as dimensões reais do objeto e a sua representação no mapa. Assim, em um mapa de escala 1:50 000, uma cidade que tem 4,5 km de extensão entre seus extremos será representada com

   a) 9 cm.   b) 90 cm.   c) 225 mm.   d) 11 mm.

   Resposta

   Para resolver esse exercício basta aplicar uma regra de três simples:

   E = 1/N
   N = 50 000
   D = 4,5 km
   d = X
   1 cm — 50 000 cm ou 0,5 km
      X — 4,5 km
      X = 4,5/0,5
      X = 9 cm

   A alternativa correta é a **A**.

2. (Vunesp-SP) Analise os mapas.

   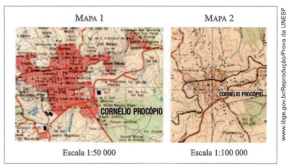

   Fonte: <www.ibge.gov.br>.

   Considerando as escalas utilizadas nos mapas, é correto afirmar que

   a) o mapa 1 favorece maior detalhamento do terreno do que o mapa 2.
   b) o mapa 2 abrange uma área menor do que o mapa 1.
   c) assemelham-se, pois nos dois casos foi utilizada uma pequena escala.
   d) retratam períodos diferentes de uma mesma localidade.
   e) ambos os mapas apresentam o mesmo nível de detalhe.

   Resposta

   O mapa 1, na verdade uma carta, foi feito na escala de 1:50 000, portanto, uma escala maior que a do mapa 2 (1:100 000), permitindo maior detalhamento. Isso pode ser percebido pela comparação visual entre ambos. A carta de 1:50 000 deixa evidente que, em uma carta de escala média para grande, uma cidade aparece como área, como fenômeno zonal, e não pontual, como ocorre em mapas de escala pequena. A alternativa correta é a **A**.

3. (UFG-GO) A cartografia constitui a principal linguagem gráfica utilizada pela Geografia no estudo da espacialidade de fenômenos. A construção, a leitura e a interpretação de um mapa envolvem a compreensão de que as informações representadas expressam, necessariamente, relações de natureza quantitativa, ordenada ou qualitativa. Com base nesta premissa, identifique no mapa as siglas das unidades da federação e represente, cartograficamente, a tabela de dados a seguir, definindo uma legenda e aplicando-a ao mapa.

Brasil – Percentual de pessoas com 10 anos de idade ou mais sem instrução ou com Ensino Fundamental incompleto, por Unidade da Federação – 2010

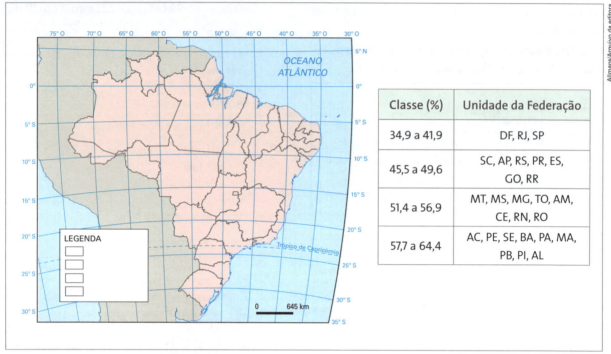

Classe (%)	Unidade da Federação
34,9 a 41,9	DF, RJ, SP
45,5 a 49,6	SC, AP, RS, PR, ES, GO, RR
51,4 a 56,9	MT, MS, MG, TO, AM, CE, RN, RO
57,7 a 64,4	AC, PE, SE, BA, PA, MA, PB, PI, AL

IBGE, Censo Demográfico 2010.

Resposta

Na resolução desta questão, o aluno deve considerar os seguintes procedimentos na produção do mapa temático quantitativo ordenado:
- colocar o título;
- indicar a fonte dos dados;
- identificar as Unidades da Federação (estados e Distrito Federal), colocar suas siglas no mapa e colorir cada estado com a cor corresponde à classe;
- preencher a legenda com as cores correspondentes a cada classe: para isso, é importante considerar o princípio da representação ordenada, isto é, quando os fenômenos representados admitem classificação segundo uma ordem, neste caso, quantitativa; assim, quanto mais intenso o fenômeno, mais intensa a cor.

Observe, ao lado, o mapa final:

Brasil – Percentual de pessoas com 10 anos de idade ou mais sem instrução ou com Ensino Fundamental incompleto, por Unidade da Federação – 2010

IBGE, Censo Demográfico 2010.

Exercícios propostos

Testes

1. (Uespi) O assunto esquematicamente exposto a seguir é de grande importância para a representação do espaço geográfico. Observe-o.

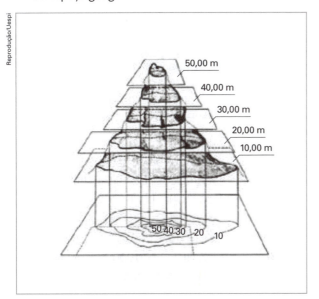

O que este gráfico está representando?

a) As curvas do tipo isóbaras.
b) As curvas de nível.
c) As curvas de isohigras.
d) As curvas de delimitação de bacias sedimentares.
e) As curvas que demarcam a probabilidade de sismos.

2. (UERN)

As curvas de nível (ou isoípsas) são linhas que unem os pontos do relevo que têm a mesma altitude. Traçadas no mapa, permitem a visualização tridimensional do relevo.

MOREIRA, J. C.; SENE E. *Geografia*: ensino médio – volume único. São Paulo: Scipione, 2005.

Figura 1

Disponível em: <http://centrodeestudosambientais.wordpress.com/2011/01/30/deslizamentos-de-terra-no-brasil/>.

As curvas de nível são muito utilizadas em mapas topográficos para determinar a declividade e a variação de altura, sendo um importante instrumento para a implantação de loteamentos e estradas, para evitar problemas como o demonstrado na figura 1.

Figura 2

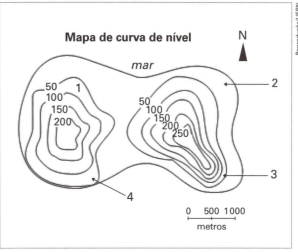

Disponível em: <http://educacao.uol.com.br/disciplinas/geografia/topografia-2-propriedade-das-curvas-de-nivel-e-perfil-topografico.jhtm>. Acesso em: 5 ago. 2014.

Analisando o mapa topográfico (figura 2), em qual localidade o problema destacado na figura 1 será mais frequente?

a) 1
b) 2
c) 3
d) 4

3. (Fuvest-SP) Um viajante saiu de Araripe, no Ceará, percorreu, inicialmente, 1000 km para o sul, depois 1000 km para o oeste e, por fim, mais 750 km para o sul.

Com base nesse trajeto e no mapa acima, pode-se afirmar que, durante seu percurso, o viajante passou pelos estados do Ceará,

a) Rio Grande do Norte, Bahia, Minas Gerais, Goiás e Rio de Janeiro, tendo visitado os ecossistemas da Caatinga, Mata Atlântica e Pantanal. Encerrou sua viagem a cerca de 250 km da cidade de São Paulo.
b) Rio Grande do Norte, Bahia, Minas Gerais, Goiás e Rio de Janeiro, tendo visitado os ecossistemas da Caatinga, Mata Atlântica e Cerrado. Encerrou sua viagem a cerca de 750 km da cidade de São Paulo.
c) Pernambuco, Bahia, Minas Gerais, Goiás e São Paulo, tendo visitado os ecossistemas da Caatinga, Mata Atlântica e Pantanal. Encerrou sua viagem a cerca de 250 km da cidade de São Paulo.
d) Pernambuco, Bahia, Minas Gerais, Goiás e São Paulo, tendo visitado os ecossistemas da Caatinga, Mata Atlântica e Cerrado. Encerrou sua viagem a cerca de 750 km da cidade de São Paulo.
e) Pernambuco, Bahia, Minas Gerais, Goiás e São Paulo, tendo visitado os ecossistemas da Caatinga, Mata Atlântica e Cerrado. Encerrou sua viagem a cerca de 250 km da cidade de São Paulo.

4. (UFSM-RS) Observe as projeções cartográficas:

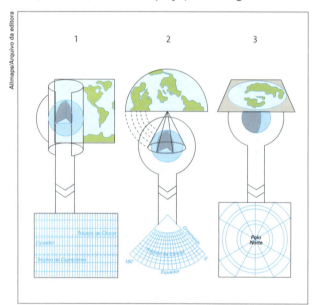

Adaptado de: Revista *Geografia*. Ed. 3, 2011. p. 104.

Numere corretamente as projeções com as afirmações a seguir.

( ) Na projeção cilíndrica, a representação é feita como se um cilindro envolvesse a Terra e fosse então planificado.
( ) Na projeção azimutal, o mapa é construído sobre um plano que tangencia algum ponto da superfície terrestre.
( ) Na projeção cônica, a representação é feita como se o cone envolvesse o planeta e depois fosse planificado.
( ) Esse tipo de projeção representa, com menos distorções, as baixas latitudes.
( ) Essa projeção é comumente utilizada para análises geopolíticas e para retratar as regiões polares e suas extremidades.

A sequência correta é
a) 1 – 3 – 2 – 3 – 1.
b) 3 – 2 – 1 – 1 – 3.
c) 1 – 3 – 2 – 1 – 3.
d) 1 – 2 – 1 – 1 – 3.
e) 3 – 1 – 2 – 3 – 1.

5. (UFRGS-RS) O grupo encarregado de organizar uma exposição agropecuária, em uma área de 5 km², decide fazer a representação gráfica deste local. Nessa representação, deverão constar com clareza os seguintes elementos: áreas dos expositores, prédios de apoio, estacionamento, áreas de alimentação, espaço para atividades culturais e competições e os aspectos naturais do sítio.
Para que esse objetivo seja alcançado, é fundamental a escolha da forma de representação e da escala adequada. Assim, o grupo deverá utilizar um(a):
a) mapa com escala de 1:1 250 000.
b) planta com escala de 1:110 000.
c) carta com escala de 1:1 000 000.
d) mapa com escala de 1:300 000.
e) planta com escala de 1:2 000.

6. (Unifesp) Observe o mapa a seguir, centrado num ponto do Brasil, que pode ser empregado para uma avaliação estratégica do país no mundo.

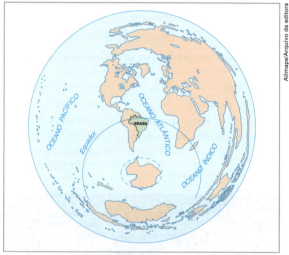

Adaptado de: SIMIELLI, Maria Elena. *Geoatlas*. 32. ed. São Paulo: Ática, 2006. p. 148.

Esse mapa foi desenhado segundo a projeção:
a) de Mercator.
b) cônica equidistante.
c) de Peters.
d) azimutal.
e) de Mollweide.

7. (UFBA)

A necessidade de se orientar na superfície do planeta levou os homens, ao longo da História, a elaborar vários tipos de mapas e projeções da superfície terrestre, desde as rústi-

cas representações babilônicas até as mais modernas, elaboradas a partir da coleta de informações obtidas por sensoriamento remoto e processadas pela informática.

SENE; MOREIRA, 1999, p. 428.

Os mapas representam, assim, um dos principais instrumentos de análise e de interpretação do espaço geográfico, deixando de servir apenas para estrategistas e turistas ou como recursos para as aulas de Geografia, tornando-se ferramenta básica para inúmeros outros profissionais, ajudando a definir as relações políticas, sociais e econômicas entre os povos.

ALMEIDA; RIGOLIN, 2004, p. 20.

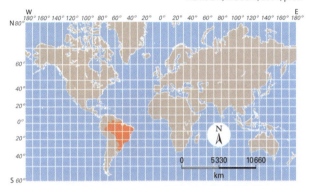

Adaptado de: CHARLIER, Jacques (Dir.). *Atlas du 21ᵉ siècle édition 2012*. Groningen: Wolters-Noordhoff; Paris: Éditions Nathan, 2011. p. 8.

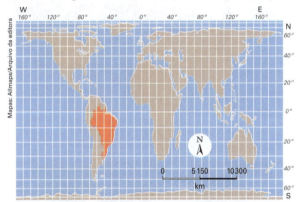

Adaptado de: CHARLIER, Jacques (Dir.). *Atlas du 21ᵉ siècle 2012*. Groningen: Wolters-Noordhoff; Paris: Éditions Nathan, 2011. p. 8.

A análise dos textos e das ilustrações e os conhecimentos sobre mapas e projeções cartográficas permitem afirmar:

(01) Os mapas antigos eram instrumentos de uso prático, uma forma de expressão da cultura e das crenças dos povos e um patrimônio cultural de valor inestimável.

(02) As projeções cartográficas refletem uma visão de mundo e um contexto político-ideológico e, por serem representadas numa superfície plana, apresentam distorções nas áreas, nas formas ou nas distâncias da superfície terrestre.

(04) A projeção de Mercator, pela sua visão eurocêntrica de mundo e por possibilitar orientação com base na tecnologia de posicionamento global (GPS), é a que apresenta menores distorções nas áreas, sendo a mais utilizada, atualmente, para representar o globo terrestre.

(08) A projeção de Peters, buscando expressar as reivindicações de maior igualdade entre as nações — fruto das preocupações dos países subdesenvolvidos do hemisfério sul —, representa as áreas dos continentes e dos países em escala igual, conservando a proporcionalidade de suas dimensões relativas, mas apresentando distorções em suas formas.

(16) As cartas temáticas que surgiram no século XX são fundamentais para a representação do espaço geográfico atual, pois expressam os mais variados aspectos da realidade natural, social e econômica e são utilizadas, intensivamente, para fins científicos, educacionais e de planejamento.

(32) O conhecimento náutico à época da grande expansão marítima era compartilhado entre as nações europeias, por força do Tratado de Tordesilhas.

(64) A evolução das técnicas cartográficas, apoiada nos recursos da geomática, possibilita a elaboração de mapas digitais ou base de dados, permitindo integrar informações diversas e produzir mapas temáticos, além de inúmeras outras aplicações.

8. (UERJ) O comércio externo constitui um dos aspectos mais importantes da economia nacional em tempos de globalização. Observe, por exemplo, o mapa abaixo, que apresenta as importações dos EUA provenientes do continente americano em 2005.

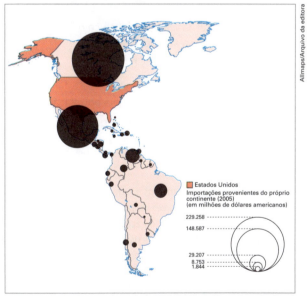

Adaptado de: SIMIELLI, Maria Elena. *Geoatlas*. 32. ed. São Paulo: Ática, 2006. p. 148.

A principal explicação para o elevado valor do intercâmbio de mercadorias dos Estados Unidos com os seus dois principais parceiros no continente americano é a existência de:

a) acordo comercial.
b) unidade monetária.
c) igualdade tributária.
d) infraestrutura integrada.

9. (FGV-SP) Analise a anamorfose do continente americano a seguir.

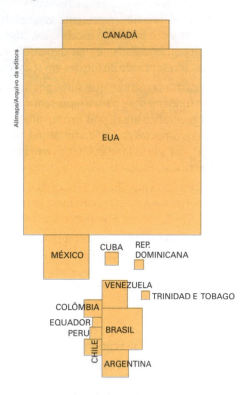

Adaptado de: Dan Smith. *Atlas da situação mundial*. São Paulo: Cia. Editora Nacional, 2007.

Assinale a alternativa que identifica o fenômeno representado nessa anamorfose.

a) Produção de alimentos transgênicos.
b) Taxa de alfabetização de adultos.
c) Total de celulares em uso pela população.
d) Disponibilidade de água pela população.
e) Emissão dos gases do efeito estufa.

10. (Fuvest-SP)

   Sempre deixamos marcas no meio ambiente. Para medir essas marcas, William Rees propôs um(a) indicador/estimativa chamado(a) de "Pegada Ecológica". Segundo a organização WWF, esse índice calcula a superfície exigida para sustentar um gênero de vida específico. Mostra até que ponto a nossa forma de viver está de acordo com a capacidade do planeta de oferecer e renovar seus recursos naturais e também de absorver os resíduos que geramos. Assim, por exemplo, países de alto consumo e grande produção de lixo, bem como países mais industrializados e com alta emissão de CO_2, apresentam maior Pegada Ecológica.

   Adaptado de: <www.wwf.org.br>. Acesso em: 5 ago. 2014.

Assinale a anamorfose que melhor representa a atual Pegada Ecológica dos diferentes países.

Nota: considere apenas os tamanhos e as deformações dos países, que são proporcionais à informação representada.

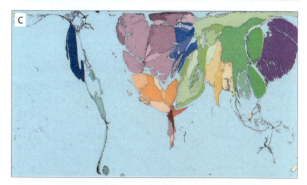

Disponível em: <www.worldmapper.org>. Acesso em: 5 ago. 2014; *Le Monde Diplomatique*, 2009.

11. (UFSM-RS)

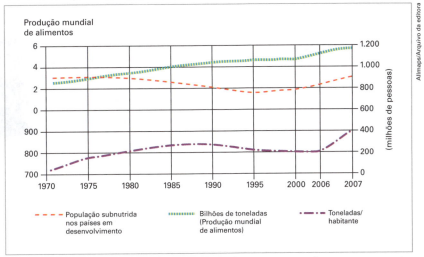

O acesso desigual aos alimentos – 2007

Adaptado de: TERRA, Lygia; ARAÚJO, Regina; GUIMARÃES, Raul Borges. *Conexões: estudos de geografia geral e do Brasil*. 1. ed. São Paulo: Moderna, v. 1. p. 164.

Através da figura, pode-se observar a relação entre produção e distribuição dos alimentos. O gráfico permite visualizar que

a) a produção de alimentos por habitante apresenta tendência decrescente, sobretudo na última década.
b) a linha da produção de alimentos mantém uma tendência de contínuo decréscimo.
c) o total de subnutridos mostra tendência de queda no período representado.
d) o total de subnutridos vem aumentando, sobretudo nos dez últimos anos.
e) existe uma tendência de manutenção na distribuição desigual de acesso aos alimentos, à medida que ocorre uma redução na produção mundial de alimentos.

12. (ESPM-SP) O gráfico abaixo está retratando a(o):

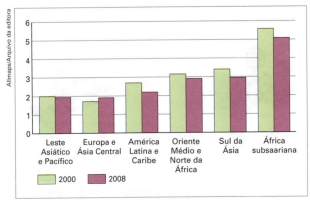

World Bank, 2012.

a) Taxa de analfabetismo.
b) Taxa de fertilidade.
c) IDH.
d) Envelhecimento.
e) Concentração de renda.

Questão

13. (Unicamp-SP)

As cartas e as fotografias tomadas de avião ou de satélites [...] representam porções muito desiguais da superfície terrestre. Algumas cartas topográficas representam, mediante **deformações calculadas e escolhidas**, toda a superfície do globo, outras a extensão de um continente, outras ainda a de um Estado, de uma aglomeração urbana; algumas cartas representam espaços de bem menor envergadura; uma pequena cidade, uma aldeia. Há planos de bairros e mesmo de habitação. [grifo nosso]

LACOSTE, Yves. Os objetos geográficos. In: *Seleção de textos*, n. 18, São Paulo: AGB, 1988, p. 9.

a) Quais os principais elementos cartográficos que ocasionam as "deformações calculadas e escolhidas" mencionadas pelo autor?
b) Seguindo a sequência de raciocínio do autor na delimitação geográfica, que vai da superfície do globo à habitação, indique quais as escalas cartográficas mais apropriadas aos estudos geográficos nesses dois casos.

MÓDULO 4 • Tecnologias modernas utilizadas pela Cartografia

1. Sensoriamento remoto

Sensoriamento remoto é o conjunto de técnicas de captação e registro de imagens à distância por meio de diferentes tipos de sensor.

O **sensor** pode ser:
- **ativo**: radares;
- **passivo**: máquinas fotográficas e imageadores (aparelhos que captam imagens) de satélites.

Os tipos de sensoriamento remoto são:
- **aerofotogrametria**: fotografias da superfície terrestre tiradas de máquina acoplada a um avião num sobrevoo definido *a priori*. As fotografias são usadas para produzir cartas e plantas detalhadas;
- **imagens de satélite**: imagens da superfície terrestre feitas regularmente a partir de satélites artificiais em órbita da Terra. Essas imagens registram uma sequência de eventos ao longo do tempo.

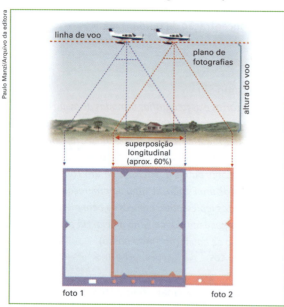

2. Sistemas de posicionamento

Um **sistema global de posicionamento e navegação**, como o GPS (norte-americano) ou o Glonass (russo), é composto de três segmentos:
- **espacial**: satélites em órbita ao redor da Terra;
- **controle terrestre**: estações de monitoramento e antenas de recepção;
- **usuários**: aparelhos receptores móveis ou acoplados em veículos.

Com um sistema global de posicionamento e navegação é possível obter:
- latitude e longitude (coordenadas geográficas);
- altitude;
- hora local.

Possibilidades de usos de um sistema de posicionamento e navegação:
- **militar**: localização de alvos e orientação de mísseis teleguiados;
- **civil**: localização, rastreamento e orientação de pessoas e veículos terrestres, aquáticos e aéreos.

Sistema de informações geográficas

Qualquer **sistema de informações geográficas (SIG)** é composto de três elementos:

Componentes de um SIG

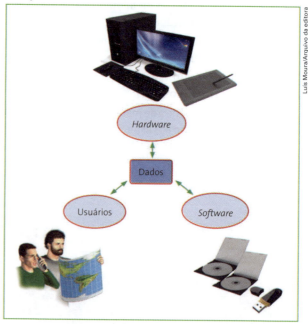

LACRUZ, Maria Silvia Pardi; SOUZA FILHO, Manoel de Araújo de. *Desastres naturais e geotecnologias*: sistemas de informação geográfica. São José dos Campos: INPE, 2009. p. 10. (Caderno didático n. 4).

Há diversos tipos de **SIG** e todos servem para processar **informações georreferenciadas** produzindo correlações espaciais expressas por meio de:
- mapas, cartas e plantas;
- gráficos;
- relatórios.

Os **SIG** podem ser utilizados para:
- planejar investimentos em obras públicas e avaliar resultados – canalização de um córrego, um novo viaduto, etc.;
- planejar a distribuição dos serviços prestados pelo poder público no território municipal e avaliar custos;
- fazer o levantamento de imóveis num município para o controle da arrecadação de taxas e impostos: IPTU e ITR;
- planejar o sistema de transportes coletivos e organizar o tráfego urbano;
- cadastrar propriedades, empresas e moradores, a fim de tornar os programas de atendimento mais eficientes.

Exercício resolvido

- (PUC-MG)

Primeira

As imagens obtidas por satélites, uma espécie de sensoriamento remoto, são hoje importantes para a elaboração de mapas.

Segunda

As imagens de satélites, entre outros atributos, podem oferecer informações significativas para o controle ambiental, permitindo cartografar eventos como queimadas em florestas e trajetos de furacões.

Analisando as duas afirmativas, é possível reconhecer que:
a) a primeira afirmativa é falsa e a segunda é verdadeira.
b) a primeira afirmativa é verdadeira e a segunda é falsa.
c) as duas afirmativas são falsas.
d) as duas afirmativas são verdadeiras e uma é justificativa da outra.
e) as duas afirmativas são verdadeiras e uma não é justificativa da outra.

Resposta

Alternativa **D**.

As imagens de satélite são obtidas por sensores remotos ativos (radares) e passivos (imageadores) instalados em satélites de observação terrestre que orbitam a Terra. Podem ser utilizadas para a confecção de mapas dinâmicos, especialmente temáticos. Como os satélites possuem uma órbita fixa podem fazer imagens regulares da superfície do planeta; por isso eles são importantes para o acompanhamento de fenômenos dinâmicos, como o avanço de frentes frias, o trajeto de furacões, a evolução de queimadas florestais, etc.

Exercícios propostos

Testes

1. (FGV-SP)
Considere a história em quadrinhos apresentada ao lado.

A história em quadrinhos faz referência:

a) à transição da agência espacial americana Nasa para empresa comercial voltada ao público civil.

b) à popularização e democratização do uso da internet e de programas de sensoriamento remoto no Brasil.
c) à expansão do uso de imagens de satélite para investigação de fenômenos em várias escalas.
d) à globalização, que possibilitou maior integração do espaço mundial pela rápida evolução das telecomunicações.
e) aos vultosos investimentos brasileiros em programas de sensoriamento remoto voltados para o controle do território nacional.

2. (UFT-TO) As queimadas no Brasil são problemas ambientais oriundos, sobretudo, das práticas da agricultura que causam prejuízos ao meio ambiente e à saúde da população. Com base no mapa a seguir que

mostra as queimadas no Brasil num determinado período de 2010, segundo o INPE (Instituto Nacional de Pesquisa Espacial), assinale a alternativa correta que indica quais os biomas mais afetados na área de alta concentração das queimadas.

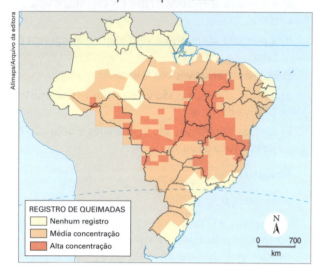

a) Caatinga, Campos, Floresta Amazônica.
b) Cerrado, Floresta Amazônica, Caatinga.
c) Cerrado, Mata da Araucária, Vegetação Litorânea.
d) Floresta Amazônica, Campos, Mata de Araucária.
e) Vegetação do Pantanal, Mata Atlântica, Caatinga.

3. (UEL-PR) Observe a figura a seguir:

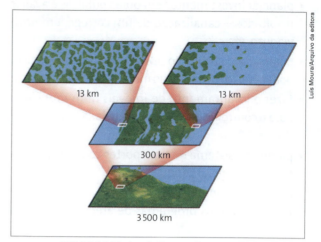

FURLAN, S. A. Técnicas de Biogeografia. In: VENTURI, L. A. B. (Org.). *Praticando geografia*: técnicas de campo e laboratório em geografia e análise ambiental. São Paulo: Oficina de Textos, 2005. p. 99-130.

A figura expressa uma técnica de análise espacial vital para o estabelecimento da análise geográfica e diz respeito a:

a) Diferentes topografias de um mapa.
b) Diferentes estratigrafias paisagísticas.
c) Diferentes quilometragens rodadas.
d) Diferentes escalas espaciais.
e) Diferentes perfis longitudinais.

4. (UFRGS-RS) Considere as afirmações a seguir relativas à cartografia.

   I. O GPS (*Global Positioning System*) é um sistema eletrônico apoiado em uma rede de satélites que permite a localização instantânea de objetos em qualquer ponto da Terra.
   II. As imagens de satélite com uma resolução espacial de 100 metros são adequadas para identificar árvores de um pomar, as casas e os edifícios de uma cidade.
   III. Os mapas temáticos pedológico, geomorfológico e hipsométrico representam o solo, o relevo e a altimetria, respectivamente.

   Quais estão corretas?

   a) Apenas I.   b) Apenas II.   c) Apenas III.   d) Apenas I e III.   e) Apenas II e III.

Questão

5. (UERJ) Como se ilustra no mapa ao lado, elaborado em 1886, a associação entre cartografia e arte era comum no século XIX. Essa prática, porém, cedeu espaço aos avanços técnicos.

Cite dois recursos tecnológicos utilizados atualmente na confecção de mapas que não estavam disponíveis para os cartógrafos do século XIX.
Em seguida, a partir da observação do mapa, explique por que o Império Britânico era denominado "O Império no qual o sol nunca se põe".

<http://mappery.com>.

MÓDULO 5 • Estrutura geológica e formas do relevo

1. Estrutura geológica da Terra

- O planeta Terra se formou há cerca de 4,6 bilhões de anos, e o tempo geológico se divide em Éons, Eras, Períodos e Épocas.
- As rochas ígneas ou magmáticas se formam com o resfriamento do magma ou da lava de vulcões; as sedimentares, pela compactação física e ação química que ocorre no interior das bacias sedimentares; e as metamórficas, pela transformação de outra rocha pré-existente, resultante de elevada temperatura e pressão no interior da crosta.
- A crosta terrestre é constituída por placas tectônicas que se deslocam em várias direções; as zonas de encontro de placas são áreas sujeitas à ocorrência de vulcões e terremotos.
- Nas zonas de contato entre as placas tectônicas encontramos limites convergentes (onde ocorre subducção), divergentes (onde há expansão do assoalho oceânico) e transformantes (deslizamento lateral).
- Os *tsunamis* resultam de terremotos no assoalho oceânico; as ondas são quase imperceptíveis em alto-mar, mas aumentam muito de amplitude e tamanho quando se aproximam da costa.
- O território brasileiro é considerado geologicamente estável porque se localiza no meio da placa Sul-Americana; não possui dobramentos modernos e sua superfície é composta de bacias sedimentares (64%) e escudos cristalinos (36%). Todos os vulcões aqui localizados estão inativos e ocorrem tremores de terra em áreas onde existem falhas geológicas.

Escala geológica do tempo

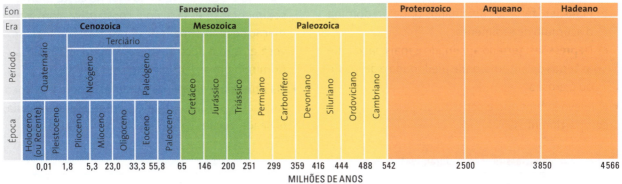

Adaptado de: TEIXEIRA, Wilson et al. (Org.). *Decifrando a Terra*. 2. ed. São Paulo: Oficina de Textos, 2009. p. 292.

Placas tectônicas

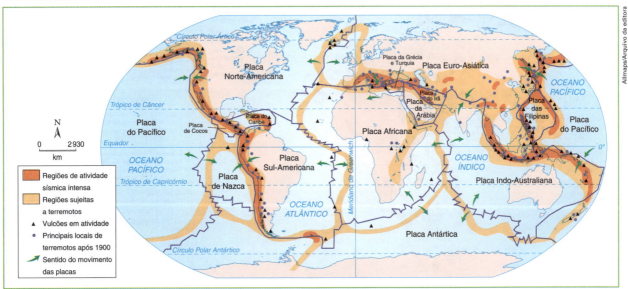

Adaptado de: CHARLIER, Jacques (Dir.). *Atlas du 21 siècle édition 2012*. Groningen: Wolters-Noordhoff; Paris: Éditions Nathan, 2011. p. 178.

2. Formas do relevo

- O relevo é formado pela ação dos agentes internos ou endógenos à crosta terrestre, que são as forças tectônicas (movimentação das placas tectônicas, vulcanismo, abalos sísmicos); e modelado pelos agentes externos, que são os fatores da erosão (chuva, vento, rios, geleiras, oceano) e a ação humana.
- A erosão é composta de três fases:
  a) o intemperismo – químico, quando há decomposição provocada pela ação da água; ou físico, quando há desagregação mecânica provocada pela variação diária ou anual da temperatura;
  b) transporte sempre associado a um agente (pluvial, fluvial, eólico, glacial);
  c) sedimentação no local onde ocorre a deposição do material que foi transportado.
- A classificação do relevo brasileiro de Jurandyr L. S. Ross considera três tipos de compartimento:
  a) **Planaltos**: compartimentos onde predomina o desgaste ou a erosão;
  b) **Planícies**: terrenos aplainados onde predomina o acúmulo de sedimentos;
  c) **Depressões**: terreno aplainado e mais baixo que as terras do entorno, onde predomina o desgaste ou a erosão.
- O relevo submarino é constituído pelos seguintes compartimentos:
  a) **plataforma continental**: é a continuação da estrutura geológica continental em área submersa, onde predomina a sedimentação e possui profundidade média de 200 metros;
  b) **talude**: é um desnível abrupto onde se localiza a borda do continente e em cujo sopé há o encontro da crosta continental com a oceânica;
  c) **região pelágica**: abaixo do talude, composta da crosta oceânica e onde se localizam dorsais, vulcões, fossas marinhas e outras formas de relevo.
- Na margem continental oriental sul-americana há o encontro de duas placas tectônicas, com a formação da cordilheira dos Andes e da fossa marinha do Atacama/Peru.
- Os territórios marítimos dos países costeiros são constituídos por um mar territorial de até 12 milhas náuticas (cerca de 22 km), uma Zona Econômica Exclusiva (ZEE) e uma Plataforma Continental (PC) estendida, cujos limites exteriores são determinados pela aplicação de critérios específicos estabelecidos pela Organização das Nações Unidas (ONU).
- Quando a ação da água do mar na costa promove sedimentação essa ação é construtiva, com a formação de praias, mangues e restingas; quando provoca erosão é destrutiva, separando restingas, suprimindo praias e originando as falésias;
- Os principais elementos da morfologia litorânea são: barra, saco/baía/golfo, ponta/cabo/península, enseada, recifes e fiordes.

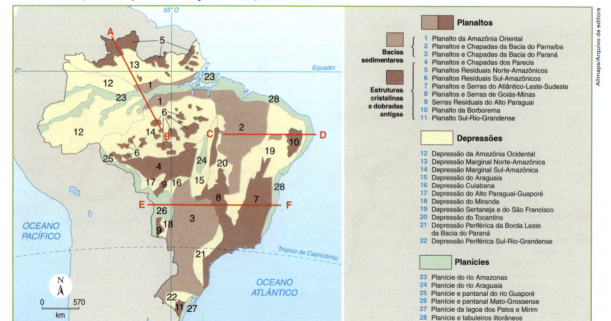

Adaptado de: ROSS, Jurandyr L. S. (Org.). *Geografia do Brasil*. São Paulo: Edusp, 2011. p. 54, 55 e 63. (Didática 3).

Exercícios resolvidos

MÓDULO 5

1. (FGV-SP) Os terremotos, os vulcões e a formação de montanhas são atividades geológicas de enorme importância que ocorrem na Terra. Observe no mapa a localização das zonas sísmicas e dos principais vulcões.
Com base nesse mapa e em seus conhecimentos, é CORRETO afirmar:

a) Somente o movimento de separação das placas tectônicas causa terremotos.

b) Somente o movimento de separação das placas tectônicas causa vulcanismo.

c) Em sua maioria, as zonas sísmicas e os vulcões localizam-se no centro das placas tectônicas.

d) Em sua maioria, as zonas de intensa atividade sísmica e os vulcões localizam-se nas bordas das placas tectônicas.

e) As zonas de intensa atividade sísmica se distribuem de forma aleatória, sem relação evidente com o movimento das placas tectônicas.

IBGE. *Atlas geográfico escolar*. Rio de Janeiro, 2010. p. 103.

Resposta

Alternativa **D**.
Este conteúdo é cobrado com bastante frequência nos vestibulares. A ocorrência de terremotos, o vulcanismo e a formação dos dobramentos estão localizados predominantemente em áreas de encontro de placas tectônicas. As grandes cadeias montanhosas se formam em regiões onde a movimentação das placas é convergente, o que provoca os dobramentos na superfície da crosta, enquanto a atividade vulcânica e a ocorrência de terremotos ocorrem predominantemente nas bordas das placas em razão da maior facilidade para o escape do magma e das tensões que se acumulam com sua movimentação.

Texto para a próxima questão:

O geógrafo Emmanuel de Martonne ressaltou a importância dos climas e dos solos na biodiversidade, quando escreveu:

A grande umidade do ar, geralmente vinculada a chuvas abundantes, favorece a decomposição química, mediante a água que se infiltra na superfície. Nos climas úmidos, os solos são geralmente profundos e as arestas de rochas são raras [...]. Os produtos da decomposição formam um manto mais ou menos contínuo que mascara as irregularidades do

subsolo e suaviza todas as formas. Nos climas secos, a decomposição mecânica, devido, sobretudo, às variações de temperatura, se faz sentir muito mais. Os detritos são mais grosseiros e [...] desabam, deixando à mostra as escarpas rochosas [...].

MARTONNE, Emmanuel de. *O clima, fator do relevo*.
São Paulo: Alfa-Ômega, 1974. p. 6.

2. (UFSM-RS) Com base no texto, é correto afirmar que climas úmidos favorecem

a) o desenvolvimento de solos com perfil raso.

b) a configuração de escarpas rochosas íngremes.

c) a intemperização química e a suavização das formas de relevo.

d) a desagregação mecânica, formando um manto de detritos mais grosseiros.

e) a erosão diferencial e o alto nível de decomposição física das rochas.

Resposta

Alternativa **C**. Em regiões de clima úmido predomina o intemperismo químico das rochas (decomposição), que libera as partículas para serem transportadas pelos agentes de erosão e, como as águas pluviais tendem a escoar igualmente por todas as direções, há tendência de arredondamento e suavização nas formas do relevo; nas regiões de clima árido e semiárido predomina o intemperismo físico (desagregação), gerando solos pedregosos.

31

Exercícios propostos

Testes

1. (UFRGS-RS) No ano de 2011, o vulcão Puyehue, no Chile, entrou em atividade. Sobre esse vulcão e suas atividades recentes, são feitas as seguintes afirmações.

    I. As cinzas do Puyehue chegaram às cidades de Buenos Aires, Montevidéu e ao sul do Brasil, trazidas pelas frentes frias, atingindo a Austrália.

    II. Os vulcões, como Puyehue, situados na Cordilheira dos Andes, são constituídos de rochas cristalinas de Idade Pré-Cambriana.

    III. Os vulcões na Terra do Fogo, a exemplo do Puyehue, encontram-se numa zona de atividade sísmica.

    Quais estão corretas?

    a) Apenas I.
    b) Apenas II.
    c) Apenas III.
    d) Apenas I e III.
    e) I, II e III.

2. (Udesc-SC) Observando a figura abaixo, sobre o interior da Terra, pode-se afirmar.

    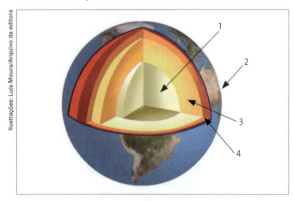

    a) O manto, representado na figura pelo número 3, está dividido em manto interno e manto externo, sendo o externo mais próximo à superfície, onde se encontram vidas animais.

    b) O manto, representado na figura pelo número 1, com cerca de 2900 quilômetros de espessura, possui partes de consistência pastosa, formado por rochas derretidas e temperatura que variam em torno de 1000 a 3000 °C.

    c) A crosta terrestre, representada na figura pelo número 2, é a camada mais fina da Terra.

    d) O magma, lava ou núcleo, encontra-se representado na figura pelo número 2, onde ocorrem os vulcões.

    e) A crosta terrestre, representada na figura pelo número 4, é a camada anterior à superfície terrestre, onde estão o fundo dos mares e os grandes lagos.

3. (UFPE) A figura esquemática a seguir refere-se à estrutura interna do planeta. Observe-a.

    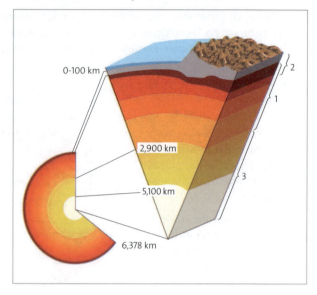

    Com base nessa figura, analise as afirmações seguintes.

    ( ) A estrutura interna da Terra é representada em modelos que se apoiam em dois critérios distintos: as propriedades físicas e a composição química.

    ( ) O manto terrestre, indicado pelo número 1, se situa sob o Núcleo e se estende até 20 km de profundidade; é uma faixa de intensa atividade sísmica e vulcânica.

    ( ) O estudo da estrutura interna da Terra tem por base métodos muito diversificados, mas a análise da Astenosfera já é possível mediante observações diretas.

    ( ) A camada número 1 apresenta manifestações magmáticas e sísmicas nas áreas de colisão de placas litosféricas; essas áreas são tectonicamente instáveis.

    ( ) A crosta oceânica é formada basicamente de basaltos; ela é menos espessa, em geral, do que a crosta continental, sobre a qual residem bilhões de seres humanos.

    Texto para a próxima questão:

    Até a segunda metade do século XIX, pensava-se que o mapa do mundo fosse praticamente uma constante. Alguns, porém, admitiam a possibilidade da existência de grandes pontes terrestres, agora submersas, para explicar as semelhanças entre as floras e faunas da América do Sul e da África. De acordo com a teoria da tectônica de placas, toda a superfície da Terra, inclusive o fundo dos vários oceanos, consiste em uma série de placas rochosas sobrepostas. Os continentes que vemos são espessamentos das placas que se erguem acima da superfície do mar.

    Adaptado de: DAWKINS, R. *O maior espetáculo da Terra*. São Paulo: Companhia das Letras, 2009. p. 257-258.

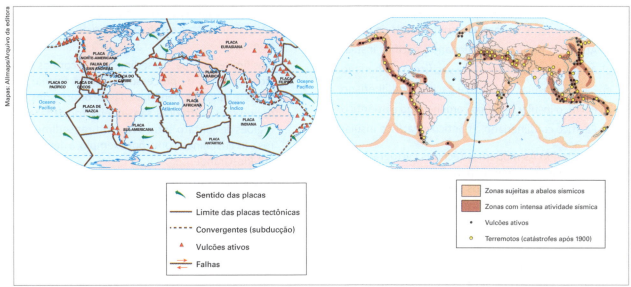

Adaptado de: SIMIELLI, Maria Elena. *Geoatlas*. São Paulo: Ática, 2000.

4. (UEL-PR) Com base nas informações contidas no texto, nos mapas e nos conhecimentos sobre placas tectônicas, considere as afirmativas a seguir.

   I. As placas tectônicas que dividem as Américas da Europa e da África são divergentes, comprovando a teoria de Wegener, segundo a qual os continentes estão se afastando.

   II. As áreas de subducção são locais de encontro de placas tectônicas, resultando em formação de cadeias de montanhas, como os Andes e o Himalaia.

   III. As áreas propensas a *tsunamis*, como Tailândia e Japão, coincidem com as faixas de incidência de choques entre placas tectônicas.

   IV. O Brasil não sofre a influência de *tsunamis* apesar de possuir um vasto litoral e de localizar-se em uma área de instabilidade tectônica.

   Assinale a alternativa correta.

   a) Somente as afirmativas I e IV são corretas.
   b) Somente as afirmativas II e III são corretas.
   c) Somente as afirmativas III e IV são corretas.
   d) Somente as afirmativas I, II e III são corretas.
   e) Somente as afirmativas I, II e IV são corretas.

5. (UFRGS-RS) Assinale com **V** (verdadeiro) ou com **F** (falso) as afirmações abaixo, referentes às formas do relevo brasileiro.

   ( ) Chapadas são superfícies com no máximo 100 metros de altitude, formadas por morros ou cadeias de morros com topos em crista, características das regiões Sudeste e Sul do Brasil.

   ( ) Planaltos são superfícies planas com altitudes acima de 1000 metros, formados pela acumulação recente de material de origem marinha e fluvial, ocupando quase um terço do território brasileiro.

   ( ) Depressões são superfícies com 100 a 500 metros de altitude, situadas abaixo do nível altimétrico das regiões adjacentes, como as colinas e morros da Depressão Central do Rio Grande do Sul.

   ( ) Tabuleiros são superfícies com 20 a 50 metros de altitude, em contato com o oceano, geralmente com topo plano e limite abrupto em direção ao mar, típicos da região costeira do Nordeste brasileiro.

   A sequência correta de preenchimento dos parênteses, de cima para baixo, é

   a) F – V – F – V.
   b) V – F – F – V.
   c) F – F – V – V.
   d) F – V – V – F.
   e) V – V – F – F.

6. (Vunesp-SP) As margens continentais são uma das diversas macroformas do relevo submarino. Elas margeiam os continentes apresentando, conforme o continente, características físicas diferentes, como extensão e profundidade. Analise as figuras, que correspondem aos diferentes tipos de margem continental presentes no planeta.

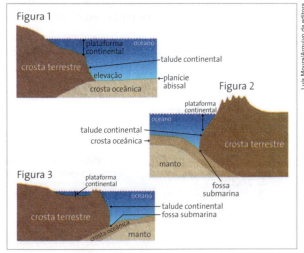

Adaptado de: ROSS, Jurandyr (Org.). *Geografia do Brasil*, 2001.

É possível afirmar que as figuras 1, 2 e 3 correspondem, respectivamente, às margens continentais do tipo:

a) Atlântico, pacífico cordilheriano e pacífico insular.
b) Atlântico, pacífico insular e pacífico cordilheriano.
c) Pacífico insular, atlântico e pacífico cordilheriano.
d) Pacífico insular, pacífico cordilheriano e atlântico.
e) Pacífico cordilheriano, atlântico e pacífico insular.

7. (Unioeste-PR) As modernas técnicas cartográficas e de sensoriamento remoto permitiram realizar levantamentos mais detalhados sobre as características fisiográficas (geologia, relevo, solo, hidrografia, clima e vegetação) do Brasil. No final da década de 1980, o professor Jurandyr Ross, do Departamento de Geografia da Universidade de São Paulo, propôs uma divisão mais detalhada do relevo brasileiro do que as anteriores. Sobre o relevo e as unidades estruturais do território nacional representados na figura abaixo, assinale a alternativa INCORRETA.

Adaptado de: ROSS, Jurandyr. *Relevo brasileiro*: uma nova proposta de classificação. Revista do Departamento de Geografia, São Paulo, n. 4, 1990.

a) A maioria dos planaltos, também denominados de "formas residuais", é considerada como vestígios de antigas superfícies erodidas pelos agentes externos, os quais atuam continuamente nas paisagens.

b) Os planaltos e as chapadas da Bacia Sedimentar do Paraná englobam terrenos sedimentares e de rochas vulcânicas e o seu contato com as depressões circundantes é feito por meio do talude continental.

c) Nos limites das bacias sedimentares com os maciços antigos, os processos erosivos formaram áreas rebaixadas, denominadas de depressões. As depressões periféricas são aquelas formadas nas regiões de contato entre as estruturas sedimentares e as cristalinas, como por exemplo, a depressão Sul-Rio-Grandense.

d) As planícies em estruturas sedimentares recentes formam as planícies costeiras, também conhecidas como planícies litorâneas e as planícies continentais situadas no interior do país como, por exemplo, a planície do Pantanal.

e) Em sua classificação para as formas do relevo Brasileiro, Jurandyr Ross baseou-se em três critérios: o morfoestrutural, que considera a estrutura geológica; o morfoclimático, que considera o clima e o relevo e o morfoescultural, que considera a ação de agentes externos.

8. (Fuvest-SP) Do ponto de vista tectônico, núcleos rochosos mais antigos, em áreas continentais mais interiorizadas, tendem a ser os mais estáveis, ou seja, menos sujeitos a abalos sísmicos e deformações. Em termos geomorfológicos, a maior estabilidade tectônica dessas áreas faz com que elas apresentem uma forte tendência à ocorrência, ao longo do tempo geológico, de um processo de

a) aplainamento das formas de relevo, decorrente do intemperismo e da erosão.
b) formação de depressões absolutas, gerada por acomodação de blocos rochosos.
c) formação de *canyons*, decorrente de intensa erosão eólica.
d) produção de desníveis topográficos acentuados, resultante da contínua sedimentação dos rios.
e) geração de relevo serrano, associada a fatores climáticos ligados à glaciação.

9. (UFRGS-RS) Observe o mapa e o perfil esquemático abaixo.

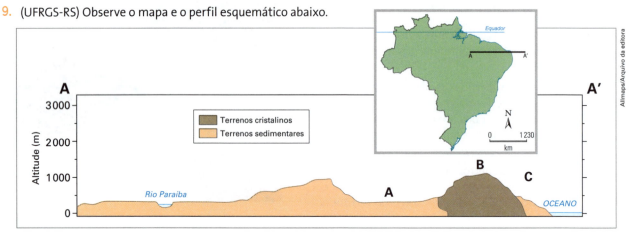

Adaptado de: ROSS, J. L. S. (Org.). *Geografia do Brasil*. São Paulo: Edusp, 2005. p. 55.

Os compartimentos de relevo destacados no perfil (A — A') com as letras A, B e C indicam, respectivamente,

a) a Planície e o Pantanal Mato-grossense – o Planalto e a Chapada dos Parecis – a Depressão do Tocantins.
b) a Depressão da Amazônia Ocidental – a Depressão Cuiabana – a Planície do Rio Araguaia.
c) a Depressão do Araguaia – o Planalto e as Serras de Goiás/Minas – as Planícies Litorâneas.
d) a Depressão Sertaneja – o Planalto da Borborema – as Planícies e os Tabuleiros Costeiros.
e) os Planaltos e a Chapada dos Parecis – a Depressão Periférica – a Depressão do Miranda.

Questões

10. (Vunesp-SP) No mapa ao lado, estão traçados os cortes 1–2 e 3–4.
Indique o corte que identifica o perfil topográfico representado e mencione três características geográficas encontradas ao longo desse perfil.

11. (Unicamp-SP)

   Em 1883, a violenta erupção do vulcão indonésio de Krakatoa riscou do mapa a ilha que o abrigava e deixou em seu rastro 36 mil mortos e uma cratera aberta no fundo do mar. Os efeitos da explosão foram sentidos até na França; barômetros em Bogotá e Washington enlouqueceram; corpos foram dar na costa da África; o estouro foi ouvido na Austrália e na Índia.

   WINCHESTER, S. *Krakatoa* – o dia em que o mundo explodiu. Rio de Janeiro: Objetiva, 2003, contracapa.

   a) Por que no sudeste da Ásia, onde se localiza a Indonésia, há ocorrência de vulcões? Por que as encostas de vulcões normalmente são densamente povoadas?
   b) Por que a atividade vulcânica deste tipo de vulcão pode causar o resfriamento nas temperaturas médias em toda a Terra?

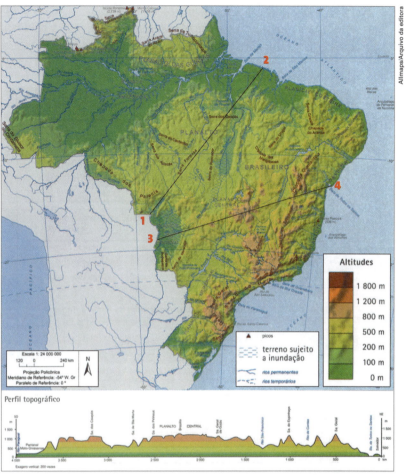

Adaptado de: IBGE. *Atlas geográfico escolar*, 2009.

12. (Vunesp-SP)

   Brasileiros de várias cidades precisam adaptar a rotina a fenômenos climáticos. Mas Montes Claros, em Minas Gerais, tem um desafio diferente: seus habitantes têm de aprender a conviver com terremotos. É pelo menos um abalo por ano – são 23 desde 1995, segundo o Observatório Sismológico da Universidade de Brasília. O mais forte, porém, ocorreu há oito dias, atingindo magnitude 4,5 na escala Richter e foi sentido em toda a cidade. Nos dias seguintes, houve mais três tremores menores – resultando em "pavor total" da população.

   Adaptado de: Marcelo Portela. A cidade que tem de viver com terremotos. *O Estado de S.Paulo*, 27.05.2012.

   A partir da leitura do texto, da análise do planisfério e de seus conhecimentos, defina a expressão "placa tectônica" e explique qual é o padrão de ocorrências de abalos sísmicos no Brasil.

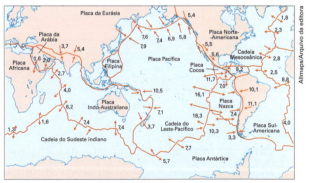

Distribuição das placas litosféricas da Terra. As setas indicam o sentido do movimento, e os números, as velocidades relativas, em cm/ano, entre as placas. Por exemplo, a placa Sul-Americana avança sobre a placa de Nazca a uma velocidade considerada alta, que varia de 10,1 a 11,1 cm por ano.

Adaptado de: Wilson Teixeira et al. (Orgs.). *Decifrando a Terra*, 2009.

MÓDULO 6 • Solos

- O processo de formação dos solos está associado aos intemperismos físico e químico e à ação de organismos vivos sobre as rochas.
- A decomposição química e a desagregação mecânica (intemperismos químico e físico) organizam os solos em camadas ou horizontes.

Perfil esquemático de solo bem desenvolvido

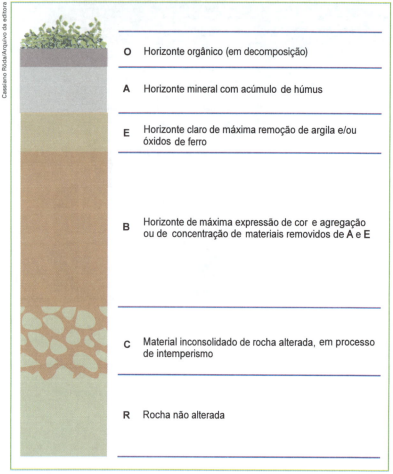

- O — Horizonte orgânico (em decomposição)
- A — Horizonte mineral com acúmulo de húmus
- E — Horizonte claro de máxima remoção de argila e/ou óxidos de ferro
- B — Horizonte de máxima expressão de cor e agregação ou de concentração de materiais removidos de A e E
- C — Material inconsolidado de rocha alterada, em processo de intemperismo
- R — Rocha não alterada

Adaptado de: LEPSCH, Igo F. *Solos*: formação e conservação. 2. ed. São Paulo: Oficina de textos, 2010. p. 31.

Este é um esquema de perfil de solo típico, bem desenvolvido, onde aparecem todas as camadas de um solo maduro, que vem se formando há muito tempo.

- O solo é constituído de:
  a) **partículas minerais**: são compostas da rocha que deu origem ao solo, sendo classificadas conforme seu tamanho — argila, silte, areia fina, areia grossa e cascalho (em ordem crescente de diâmetro);
  b) **matéria orgânica**: são restos de animais e plantas não decompostos e decompostos pela ação de microrganismos que dão origem ao húmus;
  c) **água**: provém das chuvas e da irrigação agrícola. A porosidade influencia na maior ou menor retenção de água nos solos;
  d) **ar**: ocupa os poros do solo que não estão preenchidos por água e, juntamente com a água, favorece a ação dos microrganismos na produção de húmus.

- A origem e a formação dos solos estão associadas a vários fatores, entre os quais se destacam:
  a) **material de origem** (tipo de rocha): cada tipo de rocha dá origem a um tipo de solo. Rochas ígneas ou metamórficas claras, rochas escuras, rochas sedimentares, etc. originam solos claros, escuros e com maior ou menor fertilidade, por causa da sua composição química;
  b) **clima**: a variação de temperatura e o índice de chuvas estão associados à intensidade e ao tipo de intemperismo das rochas;
  c) **relevo**: a posição das vertentes interfere na distribuição das chuvas e na captação de energia solar, que são fatores de intemperismo. A maior ou menor declividade interfere na intensidade da erosão e na profundidade dos solos;
  d) **organismos vivos**: microrganismos atuam na decomposição de animais e plantas, formando o húmus;
  e) **tempo**: o período de exposição das rochas na superfície interfere diretamente na profundidade dos solos. Geralmente, solos jovens são mais rasos que solos antigos.

- O desmatamento provoca o aumento da velocidade de escoamento superficial das águas e a sua capacidade de transportar material em suspensão, o que intensifica a erosão e reduz a infiltração no solo.

- O combate à erosão pluvial e eólica está associado a técnicas que reduzem a velocidade de escoamento superficial da água e a intensidade dos ventos:

a) **terraceamento**: formar degraus nas superfícies íngremes amplia a área agrícola e as águas das chuvas passam a cair numa superfície plana;
b) **cultivo em curvas de nível**: a aração da terra e a semeadura seguem as cotas altimétricas;
c) **plantio de árvores**: em fileiras, as árvores formam uma barreira que reduz a velocidade dos ventos;
d) **associação de culturas**: cultivo de plantas, como leguminosas, em plantações de café ou algodão, entre outras, que deixam grande parte do solo exposto.

- Voçorocas são grandes sulcos que chegam a impossibilitar o uso dos solos. Para evitar que se formem, deve-se desviar o fluxo da água e controlar sua velocidade, por exemplo, plantando grama.
- Os movimentos de massa ocorrem naturalmente em encostas que possuem declividade acentuada, com velocidades de alguns centímetros por ano até 5 km/h; há situações em que ocorrem quedas ou rolamentos de grandes blocos de solos.
- Os escorregamentos de solos em encostas são frequentes em regiões serranas de clima tropical, quando as chuvas de primavera e verão deixam os solos saturados e pesados.
- As principais consequências do desmatamento são:
  a) erosão dos solos;
  b) assoreamento dos rios e intensificação das enchentes, provocando desequilíbrios no ecossistema aquático e comprometimento da navegação;
  c) pouca infiltração de água nos solos, que pode provocar rebaixamento do lençol freático e extinção das nascentes;
  d) possível redução no índice de chuvas e elevação das temperaturas;
  e) desertificação e arenização;
  f) proliferação de pragas e doenças provocadas pelo desequilíbrio nas cadeias alimentares.
- A exploração sustentável das florestas promove benefícios nas esferas ambiental, econômica e social.

Exercício resolvido

- (UFRGS-RS) Observe os perfis transversais a seguir, que representam a evolução da cobertura vegetal de uma área.

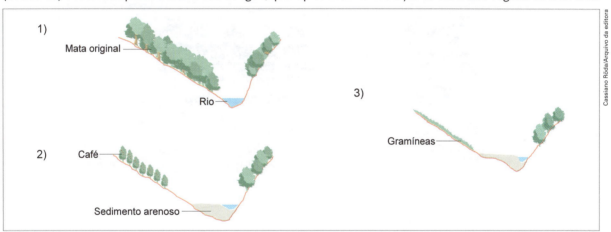

Com base nos perfis 1, 2 e 3 apresentados e nos processos geomorfológicos, são feitas as seguintes afirmações.

I. A cobertura vegetal de mata original atenua os efeitos da erosão pluvial.

II. A retirada da mata intensifica o escoamento superficial, o que proporciona aumento da infiltração das águas no solo.

III. O cultivo do café acelera o escoamento superficial, resultando no assoreamento do curso de água.

Quais estão corretas?

a) Apenas I.   b) Apenas II.   c) Apenas I e III.   d) Apenas II e III.   e) I, II e III.

Resposta

Alternativa **A**.

Quanto maior a densidade de vegetação recobrindo o solo, menor será a velocidade de escoamento superficial das águas pluviais e maior a sua infiltração, o que reduz a capacidade erosiva das chuvas; com o desmatamento e o cultivo, que deixa boa parte dos solos expostos aos agentes erosivos, a velocidade de escoamento superficial é maior, o que intensifica a erosão dos solos e, consequentemente, o assoreamento dos rios.

Exercícios propostos

Testes

1. (UFSM-RS)

    Ampliam-se as preocupações com a conservação do solo na medida em que avançam os conhecimentos acerca do impacto das atividades humanas sobre os compartimentos ambientais.

    Adaptado de: FERNANDES, Sandra Beatriz Vicenci; UHDE, Leonir Terezinha. Conservação do solo e água e serviços ecossistêmicos: sustentação ávida. Revista *Conselho em Revista*, n. 90, maio e junho de 2012. Porto Alegre, CREA-RS, p. 31.

    Assinale V (verdadeira) ou F (falsa) nas alternativas propostas para completar a frase:

    No cenário da conservação do solo e das mudanças recentes da agricultura brasileira, está

    ( ) o abandono de sistemas de menor impacto ambiental diante das atividades da agroecologia.

    ( ) o comprometimento quanto à importância ambiental do solo, ao serem adotadas técnicas de manejo para o controle da erosão.

    ( ) a adoção do sistema de plantio direto, o estabelecimento de sistemas agrossilvopastoris, integrando floresta, lavoura e pecuária.

    A sequência correta é

    a) F – F – V.
    b) V – V – F.
    c) V – F – F.
    d) F – V – V.
    e) F – V – F.

2. (UFRGS-RS) Observe, abaixo, a representação esquemática da formação do solo e de sua relação com o clima e com a vegetação.

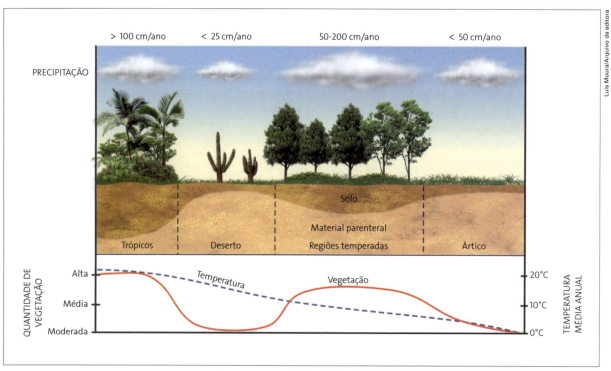

Adaptado de: WICANDER, R.; MONDE, J. S. *Fundamentos da Geologia*. São Paulo: Cengage Learning, 2009. p. 135.

Com base nas informações contidas nessa representação, considere as seguintes afirmações acerca dos processos de formação do solo.

I. Os solos dos climas árticos e desérticos apresentam detritos de rochas derivados do intemperismo mecânico.

II. Os processos de formação do solo operam mais vigorosamente onde a vazão hídrica é regular, e as temperaturas não ultrapassam 20 °C.

III. Os horizontes de solo mais desenvolvidos estão relacionados às altas temperaturas e às precipitações. Assim como à densa cobertura vegetal.

Quais estão corretas?

a) Apenas I.
b) Apenas II.
c) Apenas I e III.
d) Apenas II e III.
e) I, II e III.

3. (UFPE) Observe, com atenção, a fotografia abaixo.

Gilbués, Piauí.

Sobre o fenômeno mostrado na fotografia, é correto afirmar que:

( ) os processos de erosão exibidos são típicos de áreas de cerrados, onde a ação eólica gera notáveis feições erosivas do tipo dunas, em geral migratórias.

( ) a paisagem encontra-se nitidamente atravessando um expressivo processo de desertificação, decorrente do aquecimento global, que é marcante no Meio Norte, especialmente no Piauí.

( ) o parâmetro erosão acelerada do solo é considerado como um dos principais indicadores de áreas de desertificação no Nordeste brasileiro.

( ) o fenômeno é de origem predominantemente antrópica, caracterizado pela rápida remoção de solos e/ou fragmentos maiores de rochas, em face da atuação intensificada dos agentes erosivos em áreas onde o equilíbrio natural foi rompido.

( ) a área fotografada apresenta restrições à formação de solos e mostra cicatrizes de feições de relevo escavadas pelo escoamento concentrado das águas.

4. (UFSM-RS) Observe as figuras:

Adaptado de: *Revista Ciência & Ambiente*. História natural de Santa Maria, n. 38, jan./jun. 2009. p. 74.

O perfil de solo apresenta

I. sequência de horizontes A, C e R com contato lítico (entendido como o contato do solo com a rocha inalterada).

II. alta suscetibilidade à erosão hídrica, devido a sua morfologia e ao relevo do lugar de ocorrência.

III. severas restrições ao uso agrícola por sua pouca espessura e por presença de pedregosidade e rochosidade.

Está(ão) correta(s)
a) apenas I.
b) apenas I e II.
c) apenas II e III.
d) apenas III.
e) I, II e III.

Questão

5. (Fuvest-SP) A erosão dos solos é um grave problema ambiental e socioeconômico. A intensidade dos processos erosivos, por sua vez, relaciona-se a fatores naturais e à ação humana.

a) Identifique e explique dois fatores que contribuem para a erosão dos solos, sendo um deles natural e outro decorrente da ação humana.

b) Identifique e explique um problema socioeconômico relacionado à erosão dos solos em áreas urbanas.

MÓDULO 7 • Clima e tipos de clima no Brasil

1. Clima

Tempo é o estado momentâneo da temperatura, umidade e pressão na atmosfera; **clima** é a sucessão habitual dos tipos de tempo em determinado lugar, considerando as temperaturas médias em um intervalo mínimo de 30 anos.

O comportamento do clima é determinado pelos **fatores** que nele atuam:

- **Latitude**: em geral, quanto maior a latitude, menores são as médias térmicas anuais, por causa do aumento na inclinação de incidência dos raios solares na superfície terrestre.
- **Altitude**: as temperaturas tendem a cair com o aumento da altitude porque há redução na área de absorção e irradiação de calor.
- **Massas de ar**: podem ser quentes ou frias, úmidas ou secas; suas características de temperatura e umidade alteram as condições de tempo e clima por onde atuam.
- **Albedo**: as cores claras refletem mais os raios solares e, portanto, absorvem menos calor, ocorrendo o inverso nas superfícies escuras.
- **Continentalidade/Maritimidade**: quanto maior o efeito da continentalidade, maiores são as amplitudes térmicas diárias e anuais (diferença entre a maior e a menor temperatura), porque as terras absorvem e irradiam calor com maior velocidade que as grandes massas de água.
- **Correntes marítimas**: podem ser quentes ou frias, influenciando as temperaturas nas regiões onde atuam.
- **Relevo**: além de interferir nas altitudes, facilita ou dificulta a circulação das massas de ar.
- **Vegetação**: o desmatamento em grandes proporções provoca aumento nas temperaturas médias e redução da umidade relativa do ar.
- **Urbanização**: a expansão das malhas urbanas provoca alterações climáticas que serão estudadas no próximo módulo.

Os **elementos climáticos** mais importantes são a **temperatura**, a **umidade** e a **pressão atmosférica**.

Os três principais **tipos de chuva** são:

- **frontal**: ocorre com o encontro das massas de ar quentes e frias.

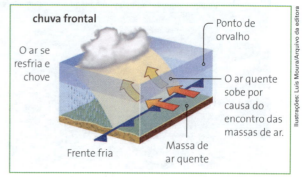

Adaptado de: BURROUGHS, William J. *The Climate Revealed*. New York: Cambridge University Press, 1999. p. 20.

- **orográfica**: quando uma massa úmida aumenta de altitude (sobe) em razão do encontro de uma montanha ou serra, ocorre uma redução da temperatura e a condensação do vapor de água.

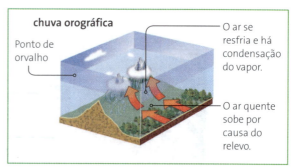

Adaptado de: BURROUGHS, William J. *The Climate Revealed*. New York: Cambridge University Press, 1999. p. 20.

- **convecção**: em dias quentes o ar próximo à superfície sobe e encontra temperaturas mais baixas que provocam a condensação do vapor nas camadas superiores da atmosfera; com a queda da temperatura, o ar fica denso e desce, aquecendo-se novamente e dando continuidade ao ciclo convectivo. Ao final da tarde ocorre chuva torrencial.

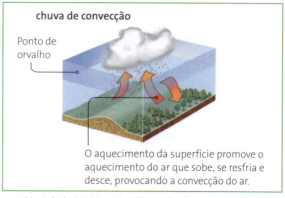

Adaptado de: BURROUGHS, William J. *The Climate Revealed*. New York: Cambridge University Press, 1999. p. 20.

MÓDULO 7

- Classificação climática:

Climas

Esse mapa foi adaptado da classificação de Köppen, na qual são consideradas as médias de temperaturas e chuvas em um intervalo de pelo menos 30 anos.

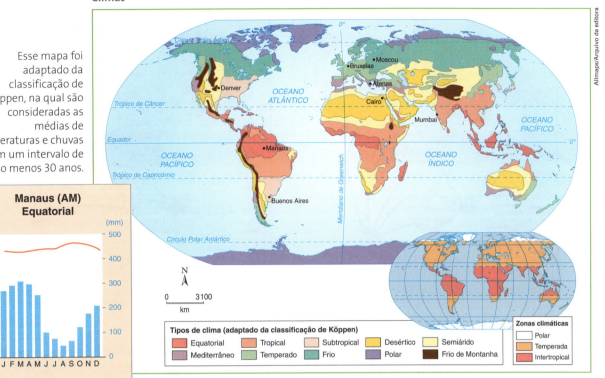

Adaptado de: IBGE. *Atlas geográfico escolar*. 6. ed. Rio de Janeiro, 2012. p. 58.

Adaptado de: INSTITUTO NACIONAL DE METEOROLOGIA (INMET). Disponível em: <www.inmet.gov.br>. Acesso em: 5 ago. 2014.

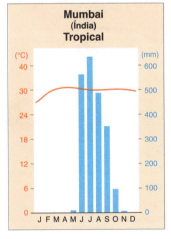

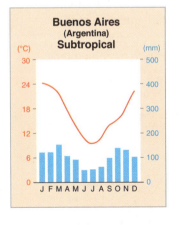

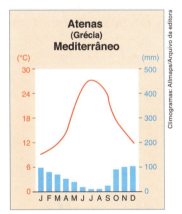

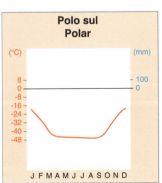

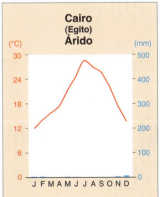

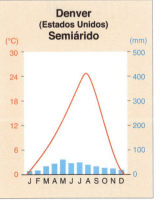

Adaptado de: Atlas National Geographic. *A Terra e o Universo*. São Paulo: Abril, 2008. p. 26-27. v. 12.

41

2. Tipos de clima no Brasil

Brasil: massas de ar no verão

Brasil: massas de ar no inverno

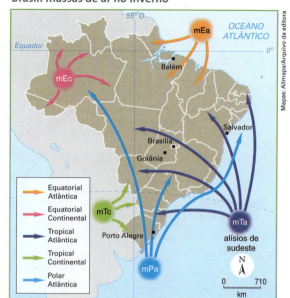

Adaptado de: GIRARDI, Gisele; ROSA, Jussara Vaz. *Atlas geográfico do estudante*. São Paulo: FTD, 2011. p. 25.

Cinco massas de ar atuam no território brasileiro. São elas:

- **mEa** (Massa Equatorial Atlântica): quente e úmida;
- **mEc** (Massa Equatorial Continental): quente e úmida (apesar de continental, é úmida por se originar na Amazônia);
- **mTa** (Massa Tropical Atlântica): quente e úmida;
- **mTc** (Massa Tropical Continental): quente e seca;
- **mPa** (Massa Polar Atlântica): fria e úmida.
- O Brasil possui 92% do seu território na zona intertropical do planeta e 8% ao sul do trópico de Capricórnio, com predomínio de climas quentes e úmidos.

Brasil: climas

Organizado por José Bueno Conti. In: ROSS, Jurandyr. L. S. (Org.). *Geografia do Brasil*. 6. ed. São Paulo: Edusp, 2011. p. 107. (Didática 3).

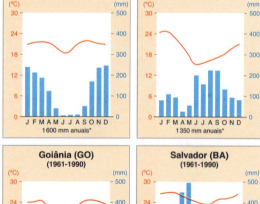

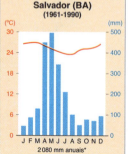

Adaptado de: INSTITUTO NACIONAL DE METEOROLOGIA (INMET). Disponível em: <www.inmet.gov.br>. Acesso em: 5 ago. 2014. *Valores aproximados.

42

Exercícios resolvidos

1. (Vunesp-SP) Leia a descrição de quatro grandes tipos climáticos do Brasil e, em seguida, examine o mapa, que representa a divisão regional do país em grandes tipos climáticos.

   1. Chuvas entre 2000 e 3000 mm e elevadas temperaturas durante todo o ano, com médias de 26 °C.
   2. Regular distribuição das chuvas durante o ano e temperaturas mais amenas, com médias inferiores a 18 °C e esporádica queda de neve.
   3. Chuvas escassas e irregulares, com precipitações médias de 500 a 700 mm, e temperaturas elevadas, com médias de 28 °C.
   4. Duas estações bem marcantes: uma chuvosa e quente, com 1 200 mm de precipitação e médias térmicas de 24 °C, e outra seca e fria, com 200 mm de chuvas e 17 °C de média térmica.

Adaptado de: SIMIELLI, Maria Elena. *Geoatlas*. São Paulo: Ática, 2011.

Assinale a alternativa que contém a correta associação entre a descrição climática e sua área de ocorrência.

a) 1D; 2B; 3A; 4C.   b) 1C; 2A; 3B; 4D.   c) 1B; 2D; 3C; 4A.   d) 1A; 2C; 3D; 4B.   e) 1C; 2B; 3D; 4A.

Resposta

Para responder a questão é necessário conhecer as características de temperatura e umidade dos grandes tipos climáticos do Brasil. A proposição 1 descreve as características do clima equatorial; a 2, do subtropical; a 3, do semiárido; e a 4, do tropical típico ou alternadamente úmido e seco. Alternativa: **B**.

2. (UFJF-MG) Observe o mapa abaixo que apresenta as zonas de ocorrência dos ciclones.

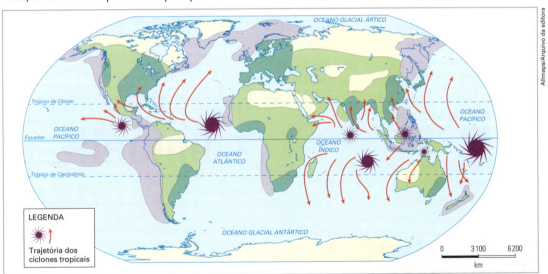

Adaptado de: SIMIELLI, Maria Elena. *Geoatlas*. 33. ed. São Paulo: Ática, 2011. p. 26.

Os ciclones são originados por movimentos circulares de ar, fortes e rápidos. O furacão começa a se formar com a combinação de dois fatores: ar quente e úmido e:

a) a água aquecida dos oceanos nas regiões tropicais.
b) a barreira formada pelo relevo que canaliza o vento.
c) o movimento de ressurgência das correntes marítimas.
d) o aumento da temperatura das camadas da atmosfera.
e) o aumento da pressão atmosférica acima do nível normal.

Resposta

Com raras exceções, os furacões se formam sobre os oceanos na zona intertropical, quando a temperatura das águas superficiais atinge 28 °C, o que acelera a movimentação vertical de ar na atmosfera e gera condições propícias à ocorrência do fenômeno.

Alternativa **A**.

Exercícios propostos

Testes

1. (UFSJ-MG) Observe o gráfico seguinte.

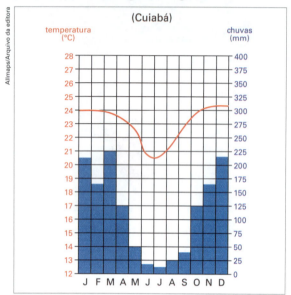

Fonte: Moreira e Sene, 2008.

Considerando a ideia de clima e tempo em geografia e a representação no gráfico, é INCORRETO afirmar

a) que, no Brasil, a mídia anuncia sérios problemas de deslizamentos durante o verão, estação em que o índice pluviométrico mensal é alto e as chuvas são intensas e frequentes no regime tropical.

b) que o período de estudo para ser estabelecido o tipo climático é de aproximadamente trinta anos e não de um ano.

c) que a distribuição e a quantidade de chuvas anuais, combinadas com as características da temperatura ao longo do ano, permitem classificar o clima de Cuiabá como sendo do tipo tropical.

d) que as informações sobre a cidade de Cuiabá se referem às condições do tempo tropical na cidade.

2. (UFPE)

Na imagem anterior, observa-se a situação do tempo meteorológico sobre uma determinada área bastante urbanizada. Com base nessa imagem, analise as proposições a seguir.

( ) Sobre essa cidade, em face do aquecimento oriundo da urbanização, instalou-se uma situação de estabilidade atmosférica, com produção intensa de raios e trovões.

( ) As tempestades provocadas por nuvens do tipo cúmulos-nimbo são, em geral, localizadas e acarretadas pela convecção do ar atmosférico.

( ) As formações nebulosas com grande desenvolvimento vertical, identificadas como tempestades de trovoadas, podem ocorrer em todos os estados do país, mas em épocas diferentes.

( ) Esse tipo de situação do tempo meteorológico verifica-se comumente sobre áreas planas e baixas, mas são determinadas pelas ilhas de calor urbano, inexistindo em áreas rurais com baixa densidade demográfica.

( ) O aquecimento do ar atmosférico nos níveis próximos do solo, juntamente com o acréscimo da umidade atmosférica, desestabiliza consideravelmente a massa de ar, ocorrendo ascensão e descida de correntes de ar, que geram chuvas de caráter convectivo.

3. (UFPR) Considere as figuras a seguir:

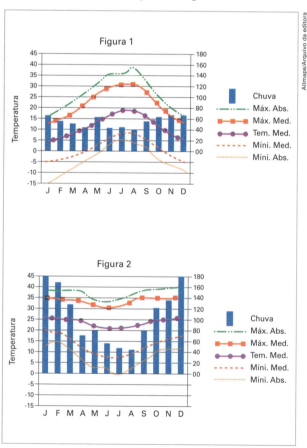

Com base nas figuras, assinale a alternativa correta.
a) A figura 1 representa o climograma de uma cidade do hemisfério austral.
b) Na figura 1, o solstício de inverno ocorre em junho.
c) A área representada na figura 2 possui verões com temperatura amena.
d) Na figura 2, os maiores volumes pluviométricos ocorrem no verão.
e) O climograma da figura 1 representa um clima subtropical controlado por massas de ar tropicais.

4. (UFBA)

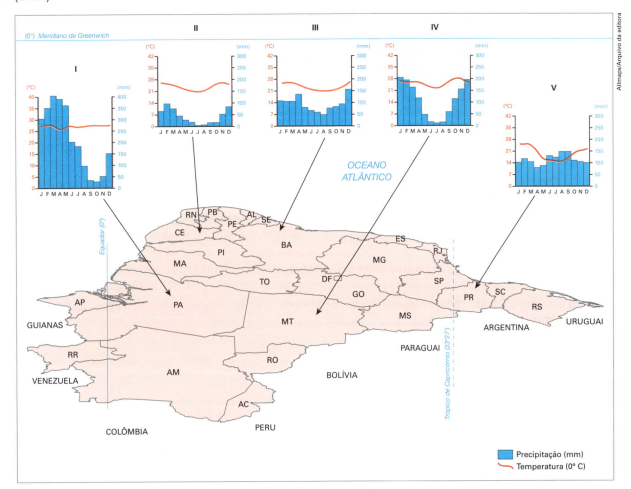

Com base na análise da ilustração e nos conhecimentos sobre aspectos ambientais do Brasil, pode-se afirmar:

(01) O cartograma, à primeira vista, realça o país em posição oeste-leste, o que permite constatar que os estados costeiros possuem menores longitudes, comparadas com aqueles localizados mais distantes do Atlântico.

(02) I assinala o domínio dos climas quentes e úmidos durante o ano todo, apresenta rios caudalosos e perenes e cobertura natural formada por floresta densa do tipo latifoliada.

(04) II indica o domínio de clima tropical, com chuvas concentradas durante o inverno, solos espessos, em função do intenso intemperismo químico, e relevo caracterizado pela existência de feições pontiagudas, representado pelas chapadas.

(08) III identifica uma das faixas costeiras, na qual o clima é do tipo tropical úmido, controlado por massa de ar oceânica, relevo caracterizado pela presença dos "mares de morro" e rios de regime pluvial.

(16) IV representa o domínio do clima tropical típico, com as quatro estações bem marcadas, chuvas concentradas no inverno e cobertura natural densa, formada por caatingas extremamente degradadas.

(32) V assinala o domínio do clima subtropical, com duas estações do ano bem marcadas e solos rasos, recobertos por florestas do tipo latifoliada, adaptadas a ambientes com rios temporários de regime pluvial.

5. (Unioeste-PR) Quanto à relação entre fatores e elementos climáticos dos locais apresentados, analise os climogramas abaixo e assinale a afirmativa correta.

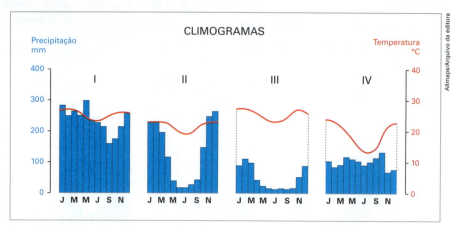

a) O clima equatorial, representado pelo climograma I, apresenta elevados índices de precipitação e temperatura devido à passagem frequente, nesta região, da massa polar atlântica, que origina frentes frias.

b) O climograma IV representa o clima subtropical, que apresenta chuvas bem distribuídas durante o ano todo, sem período de sub-seca, registrando as menores temperaturas do Brasil, bem como as maiores amplitudes térmicas.

c) O clima semiárido, representado pelo climograma III, apresenta baixos índices pluviométricos e altas temperaturas. Suas características de baixa precipitação estão ligadas à ação da massa equatorial continental (mEc) durante todo o ano.

d) A massa tropical atlântica (mTa) atua sobre o Nordeste brasileiro durante todo o ano, fazendo com que se registrem nessa região os maiores índices pluviométricos do país, conforme pode ser verificado pelo climograma III.

e) O clima tropical típico do Brasil, representado no climograma II, é resultado da atuação da Zona de Convergência Intertropical (ZCIT) sobre a região durante todo o ano.

Questão

6. (Unicamp-SP) O mapa ao lado indica a ocorrência de queda de neve na América do Sul. Observe o mapa e responda às questões.

a) Que fatores climáticos determinam a distribuição geográfica da ocorrência de queda de neve na América do Sul?

b) Quais são as condições momentâneas de estado de tempo necessárias para a ocorrência de precipitação em forma de neve?

46

MÓDULO 8 • Os fenômenos climáticos e a interferência humana

1. Interferências humanas no clima

- A poluição atmosférica resulta da emissão de gases a partir de fontes estacionárias, móveis e esporádicas, como as provocadas por usinas térmicas, automóveis e queimadas, entre outros exemplos.
- O efeito estufa é um fenômeno natural que pode ser intensificado pela emissão de poluentes, provocando o aquecimento global. Ele ocorre com a retenção de calor na atmosfera em partículas em suspensão. Segundo o Painel Intergovernamental de Mudanças Climáticas (IPCC), haverá um aumento de até 5,8 °C na temperatura do planeta até 2100, mas muitos cientistas contestam essa previsão.
- A redução da camada de ozônio resulta principalmente da emissão de clorofluorocarboneto (CFC), que sofreu forte queda desde 1986, ano da assinatura do Protocolo de Montreal.
- As ilhas de calor se formam nas grandes cidades, quando a temperatura das regiões centrais é maior que a das periferias. Elas se formam por causa da impermeabilização dos solos, da concentração de edifícios e da poluição atmosférica.
- As chuvas ácidas contêm ácidos sulfúrico, nítrico e nitroso, que provocam corrosão nos metais, deterioram monumentos históricos, a vegetação, as plantações, e contaminam os solos. Ocorrem em regiões de grande concentração industrial e onde há obtenção de energia elétrica por uso de usinas térmicas movidas a carvão mineral, em virtude da emissão de enxofre e outros gases.

Chuvas ácidas

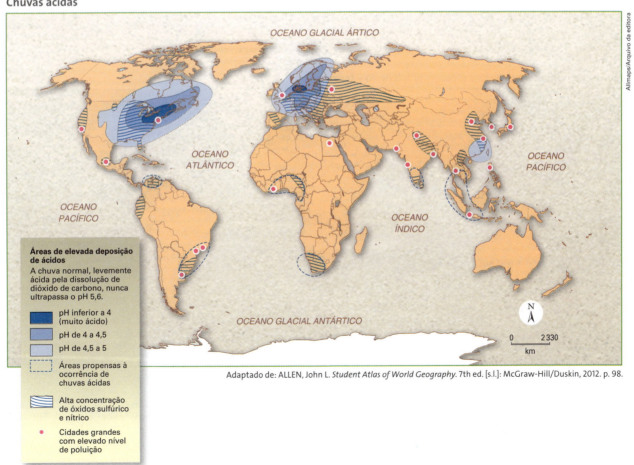

Adaptado de: ALLEN, John L. *Student Atlas of World Geography*. 7th ed. [s.l.]: McGraw-Hill/Duskin, 2012. p. 98.

2. Fenômenos naturais

- A inversão térmica ocorre quando a camada inferior de ar na atmosfera fica mais fria do que a camada superior, o que bloqueia seu movimento vertical e provoca concentração de poluentes; é um fenômeno natural que só se torna um problema quando ocorre em centros urbanos, com poluição atmosférica.

- O fenômeno El Niño ocorre em intervalos de dois a sete anos; ele resulta do aquecimento anormal das águas do oceano Pacífico nas proximidades do Equador e altera as condições climáticas em escala planetária. No Brasil, provoca secas no semiárido nordestino e no nordeste da Amazônia, enchentes na região Sul, e dificulta a penetração da massa polar, tornando o inverno mais ameno na região Sudeste.

Efeitos do fenômeno El Niño em dezembro, janeiro e fevereiro

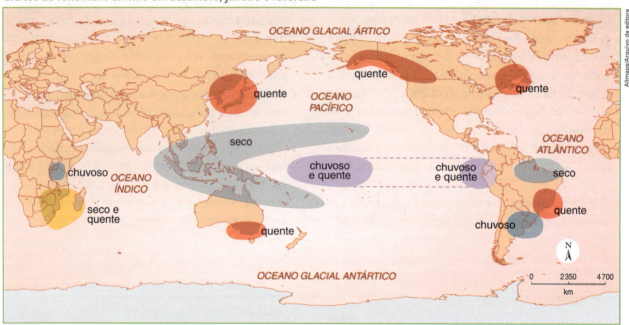

Adaptado de: CENTRO de Previsão de Tempo e Estudos Climáticos (CPTEC/INPE). Disponível em: <http://enos.cptec.inpe.br/img/DJF_el.jpg>. Acesso em: 15 jan. 2014.

Efeitos do fenômeno La Niña em dezembro, janeiro e fevereiro

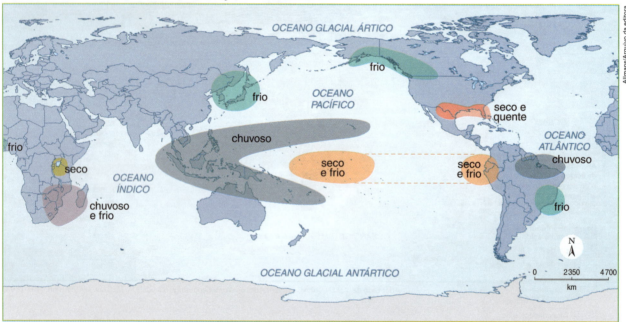

Adaptado de: CENTRO de Previsão de Tempo e Estudos Climáticos (CPTEC/INPE). Disponível em: <http://enos.cptec.inpe.br/img/DJF_la.jpg>. Acesso em: 15 jan. 2014.

A ocorrência de secas e períodos chuvosos na região semiárida do nordeste brasileiro entre os meses de dezembro e fevereiro tem sua explicação associada, respectivamente, à ocorrência dos fenômenos El Niño e La Niña.

3. Principais acordos internacionais

- O Protocolo de Kyoto levou os países signatários a promoverem redução na emissão de gases estufa, e o Mecanismo de Desenvolvimento Limpo (MDL) regulamentou a compra e a venda dos créditos de carbono. A Conferência das Partes realizada em 2012 em Doha, no Catar (COP 18), prorrogou o acordo até 2020.
- As Conferências das Partes (COP) são reuniões anuais comandadas pela Organização das Nações Unidas (ONU), nos quais se discutem ações práticas para execução de algum acordo internacional, como os protocolos de Kyoto e de Montreal. As partes são os países signatários do acordo.

Exercícios resolvidos

1. (UFSJ-MG) Leia o texto abaixo.

    É um fenômeno atmosférico-oceânico caracterizado por um aquecimento anormal das águas superficiais no oceano Pacífico Tropical, e que pode afetar o clima regional e global, mudando os padrões de vento em nível mundial e afetando, assim, os regimes de chuva em regiões tropicais e de latitudes médias.

    <www.enos.cptec.inpe.br/>. Acesso em: 5 ago. 2014.

    O texto refere-se à/ao
    a) El Niño.
    b) La Niña.
    c) Efeito estufa.
    d) Aquecimento global.

    Resposta

    O fenômeno climático El Niño decorre do aquecimento das águas do oceano Pacífico na altura da costa do Peru e provoca alterações na dinâmica de circulação atmosférica em escala planetária. No Brasil, provoca secas no semiárido nordestino e no oeste da Amazônia, cheias na região Sul e invernos amenos na região Sudeste. A alternativa correta é a **A**.

2. (FGV-SP) A Lei do Clima, uma lei ambiental municipal de São Paulo recentemente aprovada, previa, entre outras ações, que, a cada ano, 10% da frota de ônibus passasse a utilizar biocombustíveis (etanol ou biodiesel) em substituição aos movidos a combustíveis fósseis. No entanto, os novos ônibus adquiridos pela Prefeitura, desde então, continuam sendo movidos a *diesel* (*Folha de S.Paulo*, 16/06/2010, p. C1), o que afeta o meio ambiente e a sociedade de diferentes formas. Assinale a alternativa que **não descreve uma consequência** da queima de combustíveis fósseis.

a) Chuva ácida
b) Efeito estufa
c) Poluição atmosférica
d) Doenças respiratórias
e) Inversão térmica

Resposta

Alternativa **E**. A inversão térmica é um fenômeno climático natural que ocorre quando a temperatura da superfície (seja em áreas urbanas ou rurais) cai abaixo de 4 °C, provocando inversão das camadas térmicas de ar na atmosfera: a camada inferior fica mais fria do que a superior, bloqueando a circulação vertical de ar na atmosfera. Esse fenômeno só tem consequências negativas para a população quando ocorre em centros urbanos com poluição atmosférica, porque o ar fica parado, o que aumenta ainda mais a concentração de poluentes.

Exercícios propostos

Testes

1. (UFRGS-RS) Considere o enunciado abaixo e as três propostas para completá-lo.

    O fenômeno oceânico-atmosférico La Niña caracteriza-se por um resfriamento anormal nas águas superficiais do oceano Pacífico Equatorial nos setores central e oriental.
    Entre os efeitos desse fenômeno pode-se citar corretamente

    1. a tendência de chuvas abundantes no norte e no leste da Amazônia.
    2. o aumento da precipitação e da vazão dos rios no Uruguai.
    3. a existência de chuvas abaixo da normal no Rio Grande do Sul.

    Quais propostas estão corretas?
    a) Apenas 1.
    b) Apenas 2.
    c) Apenas 3.
    d) Apenas 1 e 3.
    e) Apenas 2 e 3.

2. (UEM-PR) Durante a olimpíada de Pequim, em 2008, uma das maiores preocupações do governo chinês foi o controle da poluição atmosférica, para que ela não interferisse no desempenho dos atletas. Diante desse fato, assinale a(s) alternativa(s) **correta(s)** relacionada(s) a questões ambientais que interferem em vários segmentos da sociedade ao redor do planeta.

    (01) Os problemas ambientais globais são normalmente discutidos junto com o desenvolvimento sustentável. Portanto, a principal ameaça atual ao equilíbrio ambiental não é o crescimento demográfico dos países pobres, mas sim o alto padrão de consumo dos países ricos.

(02) Os ecossistemas têm grande capacidade de regeneração e recuperação quando os impactos ambientais são principalmente esporádicos, muitos dos quais decorrentes da própria natureza.

(04) As florestas tropicais estão, de modo geral, assentadas sobre solos ricos em nutrientes. Portanto, a retirada da cobertura vegetal não acelera a ocorrência de processos erosivos.

(08) Atualmente, a ocorrência dos fenômenos climáticos *El Niño* e *La Niña* pode ser prevista com meses de antecedência, por meio do monitoramento da temperatura da superfície do mar, evitando-se, assim, impactos socioambientais provocados por esses fenômenos.

(16) No Sahel, os longos períodos de seca, associados à intensificação do pastoreio e do uso agrícola da terra, contribuíram para a desertificação de largas porções de terras do local. Isso acarretou a substituição da cobertura vegetal por uma extensa camada arenosa.

3. (Unioeste-PR) Sabe-se que a ação antrópica desencadeia desequilíbrios ambientais diversos. Um dos problemas ambientais mais sentidos pela população mundial é a poluição atmosférica, que atinge de forma mais significativa a população das grandes cidades. Com relação ao clima urbano, assinale a alternativa correta.

a) As chuvas ácidas ocorrem em todo o globo de forma ampla e constituem um grande problema para o desenvolvimento da agricultura da maioria dos países.

b) Há o desenvolvimento de ilhas de calor na maioria das grandes cidades, devido ao asfaltamento das vias públicas, concentração de concreto, queima de combustíveis fósseis, diminuição da velocidade do vento em decorrência de prédios, etc.

c) Ocorre a inversão térmica, que piora a qualidade do ar em quase todas as grandes cidades do mundo durante seu período de verão, já que ela não depende de condições físicas específicas para ocorrer.

d) Há uma diminuição da precipitação nas cidades, uma vez que não há grandes áreas com presença de água para que ocorra a evaporação.

e) Durante o período em que ocorre a inversão térmica nas cidades há uma intensa troca de ar entre as camadas inferiores e superiores, liberando os poluentes acumulados pela queima de combustíveis fósseis.

Questão

4. (UFU-MG) As cidades são aglomerados humanos que surgem, crescem e se desenvolvem de acordo com uma dinâmica espacial definida por circunstâncias históricas, socioeconômicas e ambientais. O processo de industrialização e a urbanização têm provocado o crescimento acelerado das cidades, bem como profundas alterações em sua superfície e em suas formas horizontais e verticais, o que resulta, quase sempre, em fontes adicionais de calor, sobretudo nas grandes cidades.

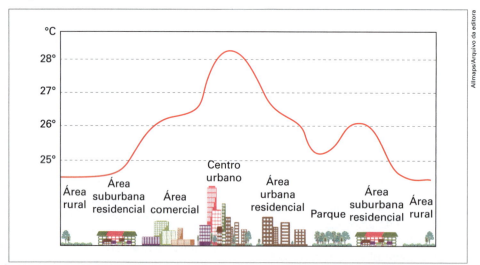

Adaptado de: Clinton Foundation, 2010.

A partir das informações anteriores, responda as questões a seguir.

a) Qual o nome do problema ambiental representado na figura?

b) Explique os fatores que justificam o aumento da temperatura na área urbana e sua diminuição na área rural.

c) Indique duas alternativas ambientalmente corretas que podem ser implementadas nas cidades para minimizar ou, até mesmo, solucionar o aumento da temperatura.

MÓDULO 9 • Hidrografia

A distribuição de água pela superfície dos continentes é muito desigual. Há regiões no planeta onde o índice anual de chuvas é quase zero e outras onde chove mais de 3 000 mm. Além disso, 97,5% da água estão nos oceanos e mares e, dos 2,5% que restam — a água doce —, somente cerca de 1/3 está disponível na superfície e no subsolo, sendo o restante constituído por geleiras e neves — portanto, de difícil utilização.

Disponibilidade de água no mundo

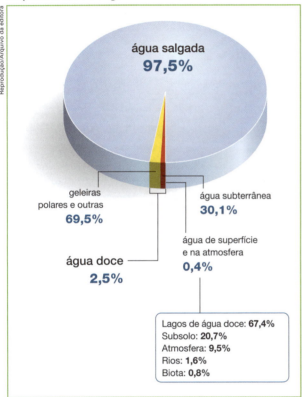

Adaptado de: *College atlas of the world*. 2nd ed. Washington, D.C.: National Geographic/Wiley, 2010. p. 36.

O Brasil possui a maior disponibilidade de água doce do planeta, mas a sua distribuição é bastante desigual: 68,5% do total estão na Amazônia; 15,7%, no Centro-Oeste; 6,5%, no Sul; 6,0%, no Sudeste; e 3,3%, no Nordeste.

- **Aquíferos** são zonas saturadas de água no subsolo; o nível freático separa as zonas saturada e não saturada.
- As **nascentes** surgem quando o nível freático atinge a superfície.
- Os **divisores de água** delimitam as vertentes e as bacias hidrográficas.

Encontro das águas dos rios Solimões e Negro, em Manaus (AM), em 2011. Ao se juntarem, eles formam o rio Amazonas.

- Existem **rios perenes** (que nunca secam), **temporários** e **efêmeros** (que só se formam durante as chuvas, secando logo que para a precipitação).
- **Regime** é a variação do nível das águas de um rio. Quando as cheias estão associadas às chuvas, o regime é pluvial; ao derretimento de geleiras, é glacial; e ao derretimento de neve, nival.
- **Várzeas** são superfícies que inundam no período das cheias; também são chamadas de leito maior. Sua dimensão está associada à topografia do relevo: em regiões planas, a superfície de inundação é maior.
- **Meandros** são as curvas que se formam em rios que correm em relevos planos, e sua velocidade de escoamento é lenta; portanto, sua capacidade erosiva é baixa, levando o curso do rio a se desviar dos obstáculos.

Com exceção do Amazonas, que é abastecido por uma pequena quantidade de neve da Cordilheira dos Andes (regime misto), os rios brasileiros têm regime pluvial.

Todos os rios brasileiros são exorreicos, ou seja, deságuam no mar. Mesmo os que correm para o interior, como o Tietê, o Paranapanema, o Iguaçu e outros afluentes do rio da Prata, têm como destino final o oceano.

Considerando os rios de maior porte, só no sertão nordestino existem rios temporários.

- A bacia Amazônica é a maior do planeta e drena 56% do território brasileiro. Possui várias hidrovias importantes, como a dos rios Madeira, Tapajós e Amazonas, e grande potencial hidrelétrico nos afluentes do rio principal.

- O rio Amazonas é o mais extenso do mundo (6 992 km) e o que possui o maior volume de água, com uma vazão média de 132 mil m³/s.
- A bacia do Tocantins-Araguaia drena 11% do país e sua hidrovia é utilizada para escoamento de grãos.
- A bacia Platina drena 16% do território brasileiro. É a segunda maior do planeta e se subdivide nas bacias dos rios Paraná, Paraguai e Uruguai. Tem o maior potencial hidrelétrico instalado do país e sua hidrovia demandou a construção de várias eclusas.
- A bacia do São Francisco drena 7,5% do país e a bacia do Parnaíba, 3,9%.

Brasil: bacias hidrográficas

Adaptado de: AGÊNCIA NACIONAL DE ÁGUAS (ANA). Disponível em: <www.ana.gov.br>. Acesso em: 15 jan. 2014.

Exercícios resolvidos

1. (UFPR) Leia o poema a seguir:

Floresta

A floresta vem andando
como uma massa pesada e primária
O rio atrasado ocupa as margens
Arrebenta os barrancos. Desnivela e corrige
Arrasta a vegetação aluvionária
Águas assustadas abraçam-se com as árvores
Nas marés de pacoema
formam-se ilhazinhas em modelação lenta
[...]
O rio continua apressado retardado
carregando os detritos de terra caída
na sua tarefa geológica

BOPP, Raul. *Cobra Norato e outros poemas*. 13. ed. Rio de Janeiro: Civilização Brasileira, 1984.

Com base no poema e nos conhecimentos sobre transformações do relevo, é correto afirmar:

a) Os rios mantêm inalterado o relevo porque carregam os detritos de terra caída.

b) A deposição provocada pelos rios impede a formação de ilhas fluviais.

c) Erosão e deposição são fenômenos que ocorrem ao longo do curso dos rios.

d) Nos rios inexistem vegetações aluvionárias, porque as águas as arrastam dos morros.

e) As ilhas fluviais tendem a desaparecer pelo processo de deposição realizado pelos rios.

Resposta

Alternativa **C**. O poema descreve a ação erosiva das águas fluviais, que ocorre com maior intensidade nas áreas de maior declividade, onde a velocidade de escoamento é maior; quando a velocidade se reduz, parte do material que está sendo transportado em suspensão sedimenta, podendo formar ilhas aluvionais.

2. (UFG-GO) As bacias hidrográficas são unidades físicas, formadas por uma porção de terra, delimitadas pelas partes mais altas do relevo, drenadas por um curso d'água principal e seus afluentes. Os processos ambientais, decorrentes da ação da precipitação, responsáveis pela modelagem do relevo na bacia hidrográfica, são:

a) evaporação, condensação e infiltração.

b) vulcanismo, falhamento e fraturamento.

c) dobramento, intemperismo químico e soerguimento.

d) escorregamento, erosão e assoreamento.

e) lixiviação, intemperismo físico e laterização.

Resposta

Alternativa **D**. Os agentes erosivos presentes na bacia hidrográfica (fluviais, pluviais e eólicos) podem provocar desmoronamento de barrancos nas margens dos rios, além de transportarem material particulado e dissolvido em suspensão; à medida que a velocidade de escoamento das águas reduz, a sedimentação desse material pode provocar assoreamento e formação de ilhas fluviais.

Exercícios propostos

Testes

1. (UFRGS-RS) Uma pequena parte de água doce do planeta flui, no estado líquido, por cursos de água e lagos nas áreas continentais. Assinale com V (verdadeiro) ou F (falso) as seguintes afirmações sobre as águas continentais superficiais.

( ) Foz de curso de água em forma de estuário ocorre quando ele deságua no oceano, formando canais e ilhas.

( ) Cursos de água, localizados em regiões com índices pluviométricos anuais altos, possuem regime fluvial perene.

( ) Cheias ou inundações dos cursos de água ocorrem na estação mais chuvosa; e as vazantes, nas estações de menor precipitação.

( ) Canalização é o processo pelo qual o curso de água é conduzido por meio de canais ou valas escavadas, retilinizando seu leito e regularizando sua direção.

A sequência correta de preenchimento dos parênteses, de cima para baixo, é

a) V – F – F – V.

b) F – V – V – V.

c) V – V – F – F.

d) F – F – V – V.

e) V – V – V – F.

2. (PUC-RS) Considerando as características hidrofitogeográficas do Brasil, é correto afirmar que o domínio

a) da Mata Atlântica é caracterizado pela ocorrência de rios intermitentes sazonais e por uma vegetação menos densa, com predomínio de plantas de grande porte que recebem influências dos ventos úmidos.

b) da Caatinga é caracterizado pela ocorrência de rios intermitentes sazonais devido ao baixo índice de chuvas, e apresenta uma vegetação composta por arbustos com galhos retorcidos e raízes profundas, assim como cactos e bromélias.

c) da Floresta Equatorial ocupa o Planalto Meridional Brasileiro e é caracterizado por rios que deságuam diretamente no Oceano Atlântico, situando-se sua foz na Faixa Tropical.

d) do Cerrado ocupa áreas do Planalto Central Brasileiro e parte da área de várzea da Amazônia, apresentando uma rede pluvial que forma a bacia hidrográfica do rio Paraná.

e) da Mata de Araucária, o mais preservado do país, possui uma vegetação formada predominantemente pelo chamado pinheiro-do-paraná, sofre influência do clima subtropical e da elevada altitude e apresenta rios que congelam por longos períodos no inverno.

3. (UEM-PR) Sobre a bacia do rio da Prata ou Platina, assinale o que for correto.

(01) A bacia platina é formada pela bacia do rio Paraná, pela bacia do rio Grande e pela bacia do rio Paranaíba. Ela é a sétima maior bacia hidrográfica do planeta e é uma bacia inteiramente brasileira.

(02) O rio Paraná, principal rio da bacia platina, é formado pela confluência dos rios Paranapanema e Ivinhema, na junção dos estados de São Paulo, Mato Grosso do Sul e Paraná, região conhecida como pontal do Paranapanema.

(04) Na bacia do rio Paranaíba, segunda mais importante da bacia platina, os rios apresentam vastas planícies, facilitando o surgimento de ilhas fluviais, entre elas a ilha do Bananal, considerada a maior ilha fluvial do mundo.

(08) Em termos energéticos, a bacia do rio Paraná é a bacia hidrográfica com a maior capacidade instalada de geração de energia hidrelétrica, com destaque para grandes usinas como Itaipu, Porto Primavera e Marimbondo.

(16) Na bacia do rio Paraná foi construída a hidrovia Tietê-Paraná, que é uma via de navegação situada entre as regiões Sul, Sudeste e Centro-Oeste do Brasil, que permite a navegação e, consequentemente, o transporte de carga e de passageiros, ao longo dos rios Paraná e Tietê.

4. (UFSC)

   A estrada que atravessa essas regiões incultas desenrola-se à maneira de alvejante faixa, aberta que é na areia, elemento dominante na composição de todo aquele solo, fertilizado aliás por um sem-número de límpidos e borbulhantes regatos, ribeirões e rios, cujos contingentes são outros tantos tributários do claro e fundo Paraná ou, na contravertente, do correntoso Paraguai.

   TAUNAY, Visconde de. *Inocência*. 19. ed. São Paulo: Ática, 1991. (Série Bom Livro). In: Biblioteca Virtual do Estudante de Língua Portuguesa. Disponível em: <www.bibvirt.futuro.usp.br>. Acesso em: 5 ago. 2014.

   Assinale a(s) proposição(ões) correta(s).

   (01) As formações de areia citadas no excerto acima são encontradas, sobretudo, nas faixas litorâneas paralelas à bacia hidrográfica do Paraguai.

   (02) Os rios da bacia do Paraná têm passado por muitas transformações em sua dinâmica natural devido à grande interferência antrópica. Essas alterações provocam principalmente um intenso processo de assoreamento.

   (04) O romance *Inocência* tem como um dos cenários a Caatinga, por isso os rios das bacias hidrográficas do Paraná e do Paraguai são considerados de regime temporário.

   (08) A bacia do Paraná abriga um vasto reservatório de água subterrânea conhecido como Aquífero Guarani. As águas continentais subterrâneas do Aquífero Guarani apresentam-se como uma porção de água doce armazenada no interior de camadas rochosas do subsolo.

   (16) As bacias hidrográficas são porções da superfície terrestre banhadas por um rio principal e seus afluentes.

5. (UEM-PR) O território brasileiro é constituído por extensas bacias hidrográficas que concentram cerca de 15% da água doce do planeta. Sobre os sistemas hidrográficos brasileiros, assinale o que for correto.

   (01) O litoral brasileiro é caracterizado por uma importante bacia hidrográfica, denominada bacia Litorânea. Nessa grande bacia encontram-se grande parte da população brasileira e os impactos ambientais decorrentes de desmatamento intensivo.

   (02) O rio São Francisco é conhecido como o "rio da integração nacional" pois, além de sua importância histórica, ele possibilita a circulação hidroviária entre as regiões Nordeste, Centro-Oeste e Norte do Brasil.

   (04) Os rios Tocantins e Araguaia percorrem extensa faixa do território brasileiro e escoam suas águas no sentido sul-norte. Esses rios drenam, em grande parte, terrenos cristalinos pré-cambrianos e de formações florestais perenes e de cerrado, atualmente muito degradadas.

   (08) Os rios intermitentes são aqueles que secam durante os períodos de estiagem e são característicos das zonas semiáridas brasileiras, nas quais o período de seca pode durar de seis a onze meses.

   (16) Grande parte dos rios brasileiros apresenta regime pluvial e são do tipo efluentes, pois neste caso o lençol freático abastece os rios durante os períodos de estiagem.

Questões

6. (Unicamp-SP) A imagem abaixo mostra o arquipélago de Anavilhanas, no rio Negro, estado do Amazonas. Observe a imagem e responda às questões.

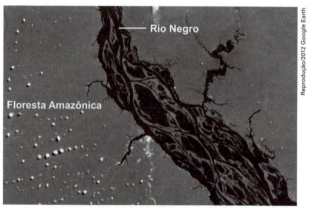

Google Earth, acessado em: 25 set. 2012.

   a) O rio Negro apresenta águas escurecidas, diferentemente de outros rios da região, que apresentam cores claras. Por que este rio apresenta cores escuras?

   b) O que explica a grande quantidade de ilhas no canal do rio? Por que parte dessas ilhas é coberta de floresta?

7. (UFPR) A bacia hidrográfica como unidade de análise ambiental tem ganhado destaque, o que pode ser exemplificado com o caso do Brasil, onde, nas últimas décadas, ela tem sido considerada um importante recorte espacial para o planejamento e para diagnósticos ambientais. Explique o que é uma bacia hidrográfica, apresentando os elementos que a compõem, e justifique por que ela é utilizada como recorte espacial para diagnósticos ambientais.

MÓDULO 10 • Biomas e formações vegetais: classificação e situação atual

As **formações vegetais** são tipos de vegetação facilmente identificáveis na paisagem e que ocupam extensas áreas. Os **biomas** são sistemas em que solo, clima, relevo, fauna e demais elementos da natureza interagem entre si formando tipos semelhantes de cobertura vegetal, como as florestas tropicais, as florestas temperadas, as pradarias, os desertos e as tundras.

1. Classificação das plantas

- **Perenes**: plantas que apresentam folhas durante o ano todo;
- **Caducifólias**, **decíduas** ou **estacionais**: plantas que perdem as folhas em épocas muito frias ou secas do ano;
- **Esclerófilas**: plantas com folhas duras, que têm consistência de couro (coriáceas);
- **Xerófilas**: plantas adaptadas à aridez;
- **Higrófilas**: plantas geralmente perenes adaptadas a muita umidade;
- **Tropófilas**: plantas adaptadas a uma estação seca e outra úmida;
- **Aciculifoliadas**: possuem folhas em forma de agulhas, como os pinheiros;
- **Latifoliadas**: plantas de folhas largas, que permitem intensa transpiração.

2. Principais características das formações vegetais

- **Tundra**: vegetação rasteira, de ciclo vegetativo extremamente curto. Por ser encontrada em regiões subpolares, desenvolve-se apenas durante os três meses do verão, nos locais em que ocorre o degelo. As espécies típicas são os musgos, nas baixadas úmidas, e os liquens, nas porções mais elevadas do terreno, em que o solo é mais seco, e aparecem raramente pequenos arbustos.

Tundra no Alasca (Estados Unidos), em 2010.

Planisfério: vegetação

Este mapa-múndi de vegetação retrata as condições originais dos biomas, não as atuais.

Adaptado de: SIMIELLI, Maria Elena. *Geoatlas*. 34. ed. São Paulo: Ática, 2012. p. 26.

55

- **Floresta boreal (taiga)**: ocorre nas altas latitudes do hemisfério norte, em regiões de climas temperados continentais, como Canadá, Suécia, Finlândia e Rússia. É uma formação bastante homogênea, na qual predominam coníferas do tipo pinheiro.

Taiga com coníferas na Sibéria (Rússia), em 2011.

- **Floresta subtropical e temperada**: esta formação florestal caducifólia, típica dos climas temperados e subtropicais, é encontrada em latitudes mais baixas e sob maior influência da maritimidade em relação às florestas de coníferas. Estendia-se por grandes porções da Europa centro-ocidental. Atualmente, subsiste na Ásia, na América do Norte e em pequenas extensões da América do Sul e da Oceania.

- **Mediterrânea**: desenvolve-se em regiões de clima mediterrâneo, que apresentam verões quentes e secos e invernos amenos e chuvosos. É encontrada em pequenas porções da Califórnia (Estados Unidos), do Chile, da África do Sul e da Austrália. As maiores ocorrências estão no sul da Europa e no norte da África.

Vegetação mediterrânea na Sardenha (Itália), em 2012.

- **Pradarias**: compostas basicamente de gramíneas, são encontradas principalmente em regiões de clima temperado continental. Desenvolvem-se na Rússia e na Ásia central, nas Grandes Planícies americanas, nos Pampas argentinos, no Uruguai, na região Sul do Brasil e na Grande Bacia Artesiana (Austrália). Muito usada como pastagem, essa formação é importante por enriquecer o solo com matéria orgânica. Um dos solos mais férteis do mundo, denominado *tchernozion* ("terras negras", em português), é encontrado sob as pradarias da Rússia e da Ucrânia.

- **Estepes**: nessas formações a vegetação é herbácea, como nas Pradarias, porém mais esparsa e ressecada. Desenvolve-se em uma faixa de transição entre os climas tropicais e desérticos, como na região do Sahel, na África, e entre climas temperados e desérticos, como na Ásia central.

Estepe em região montanhosa de Mendoza (Argentina), em 2011.

- **Deserto**: bioma cujas espécies vegetais estão adaptadas à escassez de água em regiões de índice pluviométrico inferior a 250 mm anuais. Apresenta espécies vegetais xerófilas, destacando-se as cactáceas.

Na foto, pessoas passeando em camelos no deserto do Saara (Marrocos), em 2012.

- **Savana**: formação vegetal complexa que apresenta estratos arbóreo, arbustivo e herbáceo. As savanas são encontradas em grandes extensões da África, na América do Sul (no Brasil, corresponde ao domínio dos Cerrados) e em menores porções na Austrália e na Índia. Sua área de abrangência tem sido muito utilizada para a agricultura e a pecuária, o que acentuou sua devastação, como tem ocorrido no Brasil central.

Savana na Tanzânia, em 2011.

- **Florestas equatorial e tropical**: nas regiões tropicais quentes e úmidas encontramos florestas que se desenvolvem graças aos elevados índices pluviométricos. São, por isso, formações higrófilas e latifoliadas, extremamente heterogêneas, que se localizam em baixas latitudes na América, na África e na Ásia. Nessas regiões predominam climas tropicais e equatoriais e espécies vegetais de grande e médio portes, como o mogno, o jacarandá, a castanheira, o cedro, a imbuia e a peroba, além de palmáceas, arbustos, briófitas e bromélias.

- **Vegetação de altitude**: em regiões montanhosas há uma grande variação altitudinal da vegetação. À medida que aumenta a altitude e diminui a temperatura, os solos ficam mais rasos e a vegetação, mais esparsa. Nessas condições, surgem as florestas nas áreas mais baixas e, nas mais altas, os campos de altitude.

3. Impactos do desmatamento

Observe, no mapa abaixo, como era a distribuição das formações vegetais pelo planeta antes das intervenções humanas. Essa devastação deve-se basicamente a fatores econômicos. Suas principais causas são:

- extração de madeira;
- instalação de projetos agropecuários;
- implantação de projetos de mineração;
- instalação ou expansão de garimpos;
- construção de usinas hidrelétricas;
- urbanização;
- incêndios;
- queimadas.

Florestas originais e remanescentes

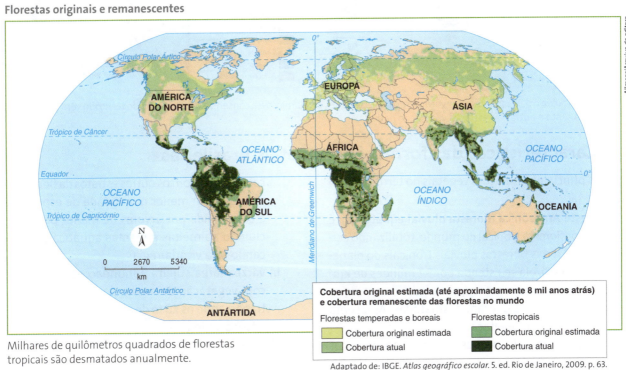

Milhares de quilômetros quadrados de florestas tropicais são desmatados anualmente.

Adaptado de: IBGE. *Atlas geográfico escolar*. 5. ed. Rio de Janeiro, 2009. p. 63.

As principais consequências socioambientais do desmatamento em regiões florestais são:

- aumento do processo erosivo, o que leva a um empobrecimento dos solos e, muitas vezes, acaba inviabilizando a agricultura;
- assoreamento de rios e lagos, que resulta do aumento da sedimentação, provocando enchentes e, com frequência, dificuldades para a navegação;
- rebaixamento de aquíferos por causa da menor infiltração da água das chuvas no subsolo, o que pode, às vezes, provocar problemas de abastecimento de água nas cidades e no campo;
- diminuição dos índices pluviométricos, em consequência do fim da transpiração das plantas;
- elevação das temperaturas locais e regionais, como consequência da maior irradiação de calor para a atmosfera pelo solo exposto;
- agravamento dos processos de desertificação, por causa da combinação de todos os eventos até agora descritos;
- redução ou fim das atividades extrativas vegetais, muitas vezes de alto valor socioeconômico;
- proliferação de pragas e doenças resultantes de desequilíbrios nas cadeias alimentares.

4. Biomas e formações vegetais do Brasil

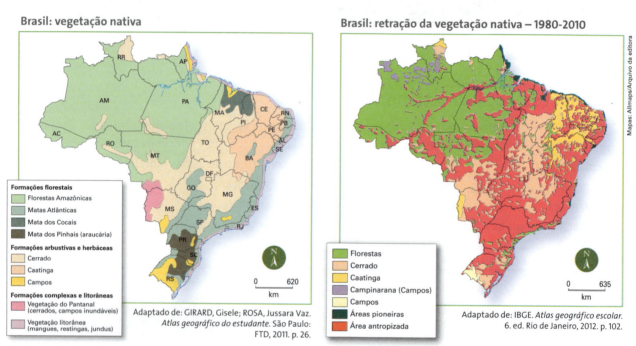

Adaptado de: GIRARD, Gisele; ROSA, Jussara Vaz. *Atlas geográfico do estudante*. São Paulo: FTD, 2011. p. 26.

Adaptado de: IBGE. *Atlas geográfico escolar*. 6. ed. Rio de Janeiro, 2012. p. 102.

Desde o início da colonização, o desenvolvimento das atividades econômicas e a consequente ocupação do território vêm provocando desmatamento e outras agressões à vegetação nativa.

5. Características das formações vegetais brasileiras

As principais formações vegetais no território brasileiro são:

- **Floresta Amazônica (floresta pluvial equatorial)**: é a maior floresta tropical do mundo, totalizando cerca de 40% das florestas pluviais tropicais do planeta. No Brasil, ela se estende por 3,7 milhões de km² e 10% dessa área constituem unidades de conservação, enquanto 15% foram desmatadas. Apresenta três estratos de vegetação:

  a) **caaigapó** ou **igapó**: desenvolve-se ao longo dos rios, numa área permanentemente alagada. Em comparação com os outros estratos da floresta, é a que possui menor quantidade de espécies e é constituída por árvores de menor porte, incluindo palmeiras e plantas aquáticas, destacando-se a vitória-régia;

  b) **várzea**: área sujeita a inundações periódicas, com vegetação de médio porte raramente ultrapassando os 20 m de altura, como o pau-mulato e a seringueira.

  c) **caaetê** ou **terra firme**: área que nunca inunda, na qual se encontra vegetação de grande porte, com árvores chegando aos 60 metros de altura, como a castanheira-do-pará e o cedro. O entre-laçamento das copas das árvores forma um dossel que dificulta a penetração da luz solar, originando um ambiente sombrio e úmido no interior da floresta.

- **Mata Atlântica (floresta pluvial tropical)**: original-mente cobria uma área de 1 milhão de km^2, esten-dendo-se ao longo do litoral desde o Rio Grande do Norte até o Rio Grande do Sul e alargando-se signi-ficativamente para o interior de Minas Gerais e São Paulo. É um dos biomas mais importantes para a preservação da biodiversidade brasileira e mundial, mas também é o mais ameaçado. Restam apenas 7% da área original da Mata Atlântica.

- **Mata de Araucárias** ou **Mata dos Pinhais (floresta pluvial subtropical)**: nativa do Brasil, é uma floresta na qual predomina a araucária, espécie adaptada a climas de temperaturas moderadas a baixas no in-verno, solos férteis e índice pluviométrico superior a 1000 mm anuais. Originariamente, essa floresta dominava vastas extensões dos planaltos da região Sul e pontos altos da serra da Mantiqueira nos es-tados de São Paulo, Rio de Janeiro e Minas Gerais. Nesse bioma é comum a ocorrência de erva-mate, além de grande variedade de espécies valorizadas pela indústria madeireira, como os ipês. Foi desma-tada, sobretudo, com a retirada de madeira para a fabricação de móveis.

- **Mata dos Cocais**: esta formação vegetal se localiza no estado do Maranhão, encravada entre a Floresta Amazônica, o Cerrado e a Caatinga, caracterizando-se como mata de transição entre formações bas-tante distintas. É constituída por palmeiras, com grande predominância do babaçu e ocorrência esporádica de carnaúba.

- **Caatinga**: vegetação xerófila, adaptada ao clima semiárido, na qual predominam arbustos caducifó-lios e espinhosos; ocorrem também cactáceas, como o xique-xique e o mandacaru, comuns no Sertão nordestino. No verão, em razão da ocorrência de chuvas, brotam folhas verdes e flores. Sua área ori-ginal era de 740 mil km^2. Atualmente 50% de sua área foram devastadas e menos de 1% está protegi-da em unidades de conservação.

- **Cerrado**: originalmente cobria cerca de 2 milhões de km^2 do território brasileiro, mas cerca de 40% de sua área foi desmatada. É constituído por vegetação caducifólia (ou estacional), predominantemente arbustiva, de raízes profundas, galhos retorcidos e casca grossa (que dificulta a perda de água). A ve-getação próxima ao solo é composta de gramíneas, que secam no período de estiagem. É uma formação adaptada ao clima tropical típico, com chuvas abun-dantes no verão e inverno seco, e desenvolve-se, sobretudo, no Centro-Oeste brasileiro.

- **Pantanal**: estende-se, em território brasileiro, por 140 mil km^2 dos estados de Mato Grosso e Mato Grosso do Sul, em planícies sujeitas a inundações. No Pantanal há vegetação rasteira, floresta tropi-cal e vegetação típica do Cerrado nas regiões de maior altitude. O Pantanal, portanto, não é uma formação vegetal, mas um complexo que agrupa várias formações e que também abriga fauna mui-to rica.

- **Campos naturais**: formações rasteiras ou herbáceas constituídas por gramíneas que atingem até 60 cm de altura. Sua origem pode estar associada a solos rasos ou temperaturas baixas em regiões de altitu-des elevadas, áreas sujeitas a inundação periódica ou, ainda, a solos arenosos. Os campos mais expres-sivos do Brasil localizam-se no Rio Grande do Sul, na chamada Campanha Gaúcha. Destacam-se, tam-bém, os campos inundáveis da ilha de Marajó (PA) e do Pantanal (MT e MS), além de manchas isoladas na Amazônia, com destaque ao estado de Roraima, e nas regiões serranas do Sudeste.

- **Vegetação litorânea**: restinga que se desenvolve no cordão arenoso formado junto à costa, com pre-dominância de vegetação rasteira e manguezais, que são nichos ecológicos responsáveis pela repro-dução de grande número de espécies de peixes, moluscos e crustáceos; desenvolvem-se nos estuá-rios e a vegetação — arbustiva e arbórea — é haló-fila (adaptada ao sal da água do mar), podendo apresentar raízes que, durante a maré baixa, ficam expostas.

6. Domínios morfoclimáticos

Em 1965, o geógrafo Aziz Ab'Sáber (1924-2012) estabeleceu uma classificação dos domínios morfo-climáticos brasileiros, na qual cada domínio corres-ponde a uma diferente associação das condições de relevo, clima e vegetação. Trata-se de uma síntese do que foi estudado isoladamente nos capítulos ante-riores. Assim, por exemplo, o domínio equatorial amazônico é formado por terras baixas (relevo), flo-restadas (vegetação) e equatoriais (clima). Observe o mapa.

Brasil: domínios morfoclimáticos

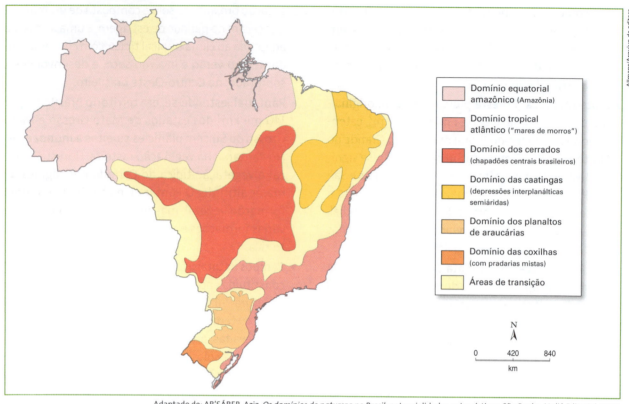

Adaptado de: AB'SÁBER, Aziz. *Os domínios de natureza no Brasil*: potencialidades paisagísticas. São Paulo: Ateliê Editorial, 2003.

7. O Código Florestal

O Código Florestal foi criado em 1934 e reformulado duas vezes: em 1965 e em 2012 (Lei n. 12 561/12). É uma das mais importantes leis ambientais do Brasil e estabelece as normas de ocupação e uso do solo em todos os biomas brasileiros.

Áreas de Preservação Permanente (APPs)

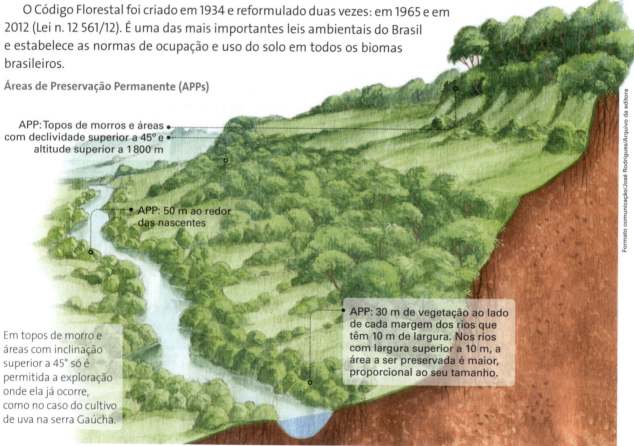

APP: Topos de morros e áreas com declividade superior a 45° e altitude superior a 1 800 m

APP: 50 m ao redor das nascentes

APP: 30 m de vegetação ao lado de cada margem dos rios que têm 10 m de largura. Nos rios com largura superior a 10 m, a área a ser preservada é maior, proporcional ao seu tamanho.

Em topos de morro e áreas com inclinação superior a 45° só é permitida a exploração onde ela já ocorre, como no caso do cultivo de uva na serra Gaúcha.

Organizado pelos editores.

No Código Florestal estão definidas as áreas de preservação e as reservas legais:

- **Áreas de Preservação Permanente (APPs)**: só podem ser desmatadas com autorização do Poder Executivo Federal e em caso de uso para utilidade pública ou interesse social, como a construção de uma rodovia. São as margens de rios, lagos ou nascentes, várzeas, encostas íngremes, mangues e outros ambientes. A principal função das APPs é preservar a disponibilidade de água, a paisagem, o solo e a biodiversidade.
- **Reservas Legais**: em cada um dos sete biomas brasileiros, os proprietários de terras são obrigados a preservar uma parte de vegetação nativa. Na Amazônia são obrigados a manter 80% da propriedade com floresta nativa, índice que cai para 35% no cerrado localizado dentro da Amazônia e 20% em todas as demais regiões e biomas do país.

8. Unidades de conservação

As **unidades de conservação** são áreas de preservação agrupadas conforme a restrição ao uso.

Brasil: biomas e unidades de conservação

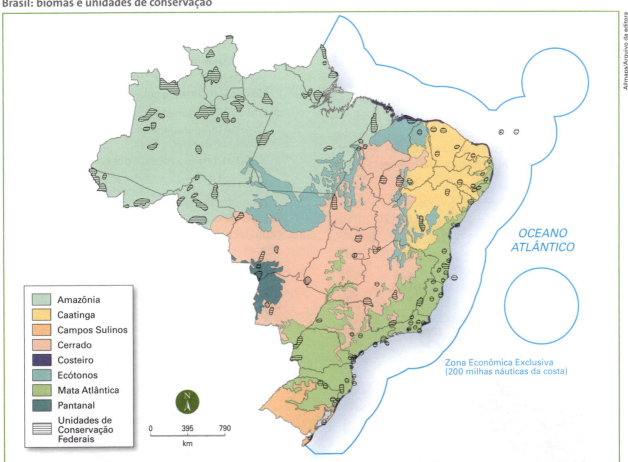

Existem unidades de conservação em todos os biomas brasileiros definidos pelo Ibama. Há também unidades de conservação mantidas por estados e até por municípios, criadas por leis estaduais e municipais. Observe que no mapa estão localizados os ecótonos, Amazônia-Caatinga, Amazônia-Cerrado e Cerrado-Caatinga. Essa denominação lhes foi atribuída justamente por estarem entre os biomas da Caatinga, da Amazônia e do Cerrado.

Adaptado de: INSTITUTO Brasileiro do Meio Ambiente e dos Recursos Naturais Renováveis (Ibama). Disponível em: <www.ibama.gov.br>. Acesso em: 21 jan. 2014; MINISTÉRIO DO MEIO AMBIENTE. Disponível em: <www.mma.gov.br>. Acesso em: 21 jan. 2014.

As unidades classificadas como de restrição total são denominadas **Unidades de Proteção Integral**; aquelas cujo nível de restrição é menor e têm uso voltado ao desenvolvimento cultural, educacional e recreacional são denominadas **Unidades de Uso Sustentável**. Ao todo foram definidas 12 unidades de conservação, que estão agrupadas na tabela na próxima página, de acordo com seu nível de restrição. No mapa acima, pode-se observar a distribuição dessas unidades no território brasileiro.

| Unidades de conservação conforme a restrição ao uso ||
Unidades de Proteção Integral	Unidades de Uso Sustentável
Estação Ecológica	Área de Proteção Ambiental
Reserva Biológica	Área de Relevante Interesse Ecológico
Parque Nacional	Floresta Nacional
Monumento Natural	Reserva Extrativista
Refúgio de Vida Silvestre	Reserva de Fauna
	Reserva de Desenvolvimento Sustentável
	Reserva Particular do Patrimônio Natural

BRASIL. Presidência da República Federativa. Lei n. 9 985/2000. Institui o Sistema Nacional de Unidades de Conservação da Natureza (SNUC). Disponível em: <www.planalto.gov.br>. Acesso em: 5 ago. 2014.

Exercícios resolvidos

1. (Unicamp-SP) Em zonas de altas montanhas, como no Himalaia, a vegetação se desenvolve em diferentes altitudes, a que se associam variações das condições de temperatura, umidade, exposição do sol e ventos. Após examinar a figura a seguir, assinale a alternativa correta a respeito da distribuição da vegetação em relação à altitude.

Adaptado de: <www.prof2000.pt/users/elisabethm/geo7/clima/climas.htm>. Acesso em: 5 ago. 2014.

a) Até 2000 m, floresta temperada; de 2000 a 3000 m, floresta tropical; de 3000 a 5000 m, gramíneas; de 5000 a 6000 m, floresta de coníferas; acima de 6000 m, terreno coberto por gelo.

b) Até 2000 m, floresta de coníferas; de 2000 a 3000 m, floresta temperada; de 3000 a 5000 m, floresta tropical; de 5000 a 6000 m, gramíneas; acima de 6000 m, terreno coberto por gelo.

c) Até 2000 m, gramíneas; de 2000 a 3000 m, floresta de coníferas; de 3000 a 5000 m, floresta temperada; de 5000 a 6000 m, floresta tropical; acima de 6000 m, terreno coberto por gelo.

d) Até 2000 m, floresta tropical; de 2000 a 3000 m, floresta temperada; de 3000 a 5000 m, floresta de coníferas; de 5000 a 6000 m, gramíneas; acima de 6000 m, terreno coberto por gelo.

Resposta

O aumento da altitude provoca redução nas temperaturas médias, no índice de precipitação e na profundidade dos solos. Dessa forma, em zonas montanhosas há grande variação altitudinal das formações vegetais, conforme descrito na alternativa **D**.

2. (Udesc-SC) Observe o mapa a seguir, sobre os domínios morfoclimáticos:

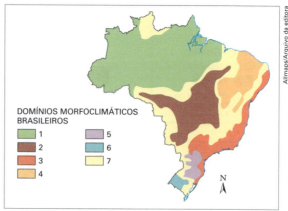

Aziz N. Ab'Sáber.

Indique o número correspondente ao domínio morfoclimático:

( ) domínio da caatinga
( ) domínio do cerrado
( ) domínio das pradarias
( ) domínio amazônico

( ) domínio dos mares e morros

( ) domínio das araucárias

( ) faixas de transição

Assinale a alternativa que contém a sequência correta, de cima para baixo.

a) 2 – 6 – 1 – 4 – 5 – 7 – 3

b) 2 – 4 – 6 – 1 – 3 – 7 – 5

c) 4 – 2 – 1 – 7 – 3 – 5 – 6

d) 4 – 2 – 6 – 1 – 3 – 5 – 7

e) 6 – 1 – 3 – 5 – 4 – 2 – 7

Resposta

Para responder a essa questão é necessário o conhecimento prévio do mapa dos domínios morfoclimáticos brasileiros. O domínio 1 é composto por terras baixas florestadas equatoriais; o 2, por planaltos tropicais com vegetação de cerrado; o 3, por mares de morros florestados tropicais; o 4, por depressões interplanálticas sertanejas com vegetação de caatinga; o 5, por planaltos de araucárias; o 6, por coxilhas com pradarias mistas ou pampas; e o número 7 corresponde às faixas de transição entre os diferentes domínios. A alternativa correta é a **D**.

Exercícios propostos

Testes

1. (FGV-RJ) Considere os seguintes processos de degradação ambiental descritos abaixo:

   I. A **desertificação** resulta da expansão de práticas agropecuárias predatórias e do desmatamento das espécies nativas, usadas para a produção de lenha.

   II. A **arenização** é causada pela ação dos processos erosivos sobre depósitos arenosos pouco consolidados em ambiente de clima úmido e agravada pelo manejo inadequado dos solos.

   Os biomas brasileiros em que esses processos ocorrem são, respectivamente,

   a) Caatinga e Campos Sulinos.

   b) Caatinga e Cerrado.

   c) Cerrado e Mata Atlântica.

   d) Pantanal e Mata de Araucária.

   e) Cerrado e Mata de Araucária.

2. (Vunesp-SP) Leia.

   Imagens de satélite comprovam aumento da cobertura florestal no Paraná

   O constante monitoramento nas áreas em recuperação do Programa Mata Ciliar, com o apoio de imagens de satélite, tem demonstrado um aumento significativo da cobertura florestal das áreas de preservação permanente, reserva legal e Unidades de Conservação, integrantes do Corredor de Biodiversidade.

   Disponível em: <www.mataciliar.pr.gov.br>.

As matas ciliares são:

a) florestas tropicais em margens de rios, cujo papel é regular fluxos de água, sedimentos e nutrientes entre os terrenos mais altos da bacia hidrográfica e o ecossistema aquático. O mau uso dessas áreas provoca erosão das encostas e assoreamento do leito fluvial.

b) florestas temperadas, cujo papel é de filtro entre o solo e o ar, possibilitando a prática da agricultura sem prejudicar o ecossistema atmosférico. O mau uso dessas áreas provoca erosão do solo e contaminação do ar.

c) florestas subtropicais, cuja função é preservar a superfície do solo, proporcionando a diminuição da filtragem e o aumento do escoamento superficial. O mau uso dessas áreas provoca aumento da radiação solar e estabilidade térmica do solo.

d) coberturas vegetais que ficam às margens dos lagos e nascentes, atuam como reguladoras do fluxo de efluentes e contribuem para o aumento dos nutrientes e sedimentos que percolam o solo. O mau uso dessas áreas provoca evaporação e rebaixamento do nível do lençol freático.

e) formações florestais que desempenham funções hidrológicas de estabilização de áreas críticas em topos de morros, cumprindo uma importante função de corredores para a fauna. O mau uso dessas áreas provoca desmatamento e deslizamento das encostas.

3. (UEM-PR) Os domínios naturais têm valor para a humanidade e são definidos por inúmeras variáveis. Sobre esse assunto, assinale a(s) alternativa(s) **correta(s)**.

   (01) Do ponto de vista fitogeográfico, no domínio natural das montanhas, o aumento da altitude produz efeitos similares aos do aumento das latitudes.

   (02) A faixa intertropical, situada entre os trópicos de Câncer e Capricórnio, caracteriza-se pela presença de climas quentes, como o clima tropical árido, com chuvas escassas e mal distribuídas e temperaturas muito elevadas.

   (04) A área de ocorrência da tundra é a região próxima ao oceano Glacial Antártico. Ela é o bioma mais antigo da Terra, e suas principais espécies são os musgos, os liquens, as plantas rasteiras e as árvores tortuosas.

   (08) No domínio das florestas tipo boreal ou taiga, predominam espécies aciculifoliadas. Elas se desenvolvem em clima frio de altas latitudes e são utilizadas na produção de madeira, papel e celulose.

   (16) Os climas frios das cordilheiras montanhosas tropicais não correspondem aos climas frio e polar das altas latitudes, pelo fato de que as profundas mudanças sazonais de insolação não ocorrem nas baixas latitudes.

Questões

4. (Vunesp-SP) No mapa está representada, em verde, uma formação vegetal.

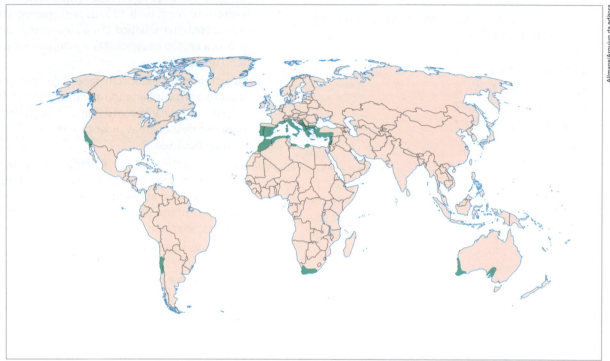

Adaptado de: SIMIELLI, Maria E. M. *Geoatlas*, 2009.

Identifique-a e mencione três de suas características.

5. (UFG-GO) Analise o mapa e leia o texto apresentado a seguir.

Adaptado de: CPTEC/INPE (2011). CPTEC/INPE. Disponível em: <pirandira.cptec.inpe.br/queimadas/>. Acesso em: 22 mar. 2012.

Atualmente, a Cartografia pode contar com valiosos recursos [...] que, além de facilitar as atividades cartográficas, também possibilitam a rápida disponibilização das informações coletadas, assim como a sua mais eficiente atualização.

IBGE. Disponível em: <http://www.atlasescolar.ibge.gov.br/conceitos-gerais/historia-da-cartografia/a-era-moderna>. Acesso em: 5 ago. 2014.

As queimadas, apesar dos impactos ambientais que provocam, ainda constituem uma das formas utilizadas para a limpeza do solo na implantação de atividades econômicas. No mapa estão representados pontualmente focos de calor associados a queimadas no Brasil, possibilitando a verificação de sua espacialização, concentração e monitoramento. Considerando-se o mapa e o texto apresentados,

a) indique um recurso cartográfico que pode ser utilizado para o monitoramento de queimadas no Brasil e qual a vantagem do seu uso para esse tipo de monitoramento;

b) identifique as regiões das unidades da federação, correspondentes às áreas com concentração de focos de calor associados a queimadas, localizadas entre as latitudes 5° e 15° sul e as longitudes 45° e 50° oeste;

c) identifique um tipo de atividade econômica desenvolvida entre as latitudes 5° e 15° sul e as longitudes 45° e 50° oeste, que contribui para a concentração de queimadas.

MÓDULO 11 • Questão ambiental e conferências em defesa do meio ambiente

O **desenvolvimento sustentável** se apoia em três esferas: desenvolvimento humano, crescimento econômico e preservação ambiental.

1. Interferências humanas nos ecossistemas

- Observe o gráfico a seguir. Além do acelerado crescimento demográfico, os avanços técnicos após a Revolução Industrial ampliaram a capacidade de consumo de matérias-primas e fontes de energia e, portanto, de transformar a natureza. Os impactos ambientais passaram a crescer vertiginosamente.
- A humanidade sempre buscou obter energia de forma mais eficiente para aumentar sua capacidade de trabalho e seu conforto, mas a preocupação com os impactos ambientais resultantes só ingressou na agenda mundial a partir da década de 1970.

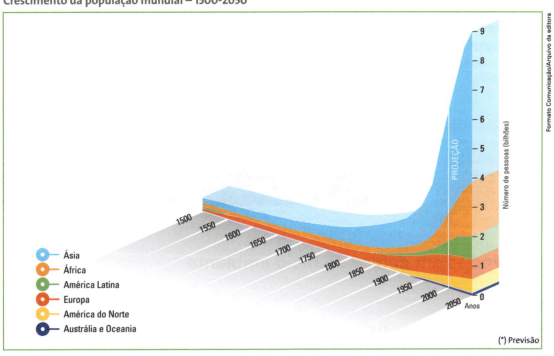

Crescimento da população mundial – 1500-2050*

COLLEGE Atlas of the World. 2nd ed. Washington, D.C.: National Geographic/Wiley, 2010. p. 45.

(*) Previsão

2. A importância da questão ambiental

- Ao final da década de 1960, a preocupação com o meio ambiente era vista pelos países em desenvolvimento como uma forma de os países desenvolvidos impedirem seu crescimento econômico.
- No início da década de 1970, a degradação ambiental estava associada à busca incessante do crescimento econômico e à "explosão demográfica", tidas como grandes responsáveis pelo aumento da exploração dos recursos naturais, pela poluição do ar e pelo desmatamento.
- O estudo *Limites do crescimento*, realizado em 1972 pelo Clube de Roma, concluiu que o planeta entraria em colapso até o ano 2000 caso fossem mantidas as tendências de produção e consumo vigentes. Para evitar o colapso, os participantes do Clube de Roma sugeriam a redução tanto do crescimento populacional quanto do crescimento econômico, política que ficou conhecida como "crescimento zero".
- Qualquer modelo de desenvolvimento que impeça a satisfação das necessidades básicas de sobrevivência e consumo das famílias é insustentável tanto do ponto de vista social quanto ambiental, uma vez que a manutenção da pobreza dificulta o enfrentamento das questões ambientais.

65

3. A inviabilidade do modelo consumista de desenvolvimento

Os países desenvolvidos abrigam em torno de um quinto da população mundial, ou cerca de 1,4 bilhão de habitantes, mas eles respondem pelo consumo de mais da metade de todos os recursos (matérias-primas, energia e alimentos) produzidos ou extraídos da natureza.

Caso esse padrão de consumo fosse estendido aos dois terços da humanidade que atualmente vivem em condições de pobreza ou miséria, a demanda por matérias-primas, energia e a produção de lixo levariam as agressões ambientais a patamares insustentáveis, como ocorre em vastas áreas rurais e urbanas do território chinês.

O crescimento econômico chinês aumentou muito a demanda por matérias-primas e fontes de energia e, consequentemente, a produção de resíduos que poluem o ar, a água e o solo; em 2008, a China já era o maior emissor de dióxido de carbono na atmosfera.

O exemplo chinês nos mostra que a grande questão que se coloca hoje em dia para todos os países é a busca de um modelo de desenvolvimento que seja social e ecologicamente sustentável.

A poluição intensa quase impede a visão do estádio olímpico de Pequim (China). Foto de 2008.

4. Conferências em defesa do meio ambiente

Estocolmo-72

A partir da Revolução Industrial, por causa da crescente expansão do processo de industrialização e urbanização, os impactos ambientais aumentaram tanto que, após a Segunda Guerra Mundial (1939-1945), passaram a causar consequências globais.

Em 1972, foi realizada a Conferência das Nações Unidas sobre o Homem e o Meio Ambiente, em Estocolmo (Suécia), onde foram rediscutidas as polêmicas sobre o antagonismo entre desenvolvimento e meio ambiente apresentadas, também em 1972, pelo Clube de Roma.

A Declaração de Estocolmo, documento elaborado ao final do encontro, estabeleceu o respeito à soberania das nações, isto é, a liberdade de os países em desenvolvimento buscarem o crescimento econômico e a justiça social explorando de forma sustentável seus recursos naturais.

Após a Conferência, vários países passaram a criar órgãos de defesa do meio ambiente e legislações de controle contra a poluição ambiental – em vários deles, poluir passou a ser crime.

Desenvolvimento sustentável – *Nosso futuro comum*, o Relatório Brundtland

Em 1987, a Comissão Mundial sobre o Meio Ambiente e o Desenvolvimento da ONU publicou um estudo denominado *Nosso futuro comum*, mais conhecido como *Relatório Brundtland*.

Esse estudo criou a noção de desenvolvimento sustentável, "aquele que atende às necessidades do presente sem comprometer a possibilidade de as gerações futuras atenderem às suas próprias necessidades".

Propunha que as sociedades sustentáveis tivessem com base a igualdade econômica, a justiça social, a preservação da diversidade cultural, a autodeterminação dos povos e a integridade ecológica.

Legislação ambiental no Brasil

Em 1981, foi aprovada a Lei 6938, que instituiu a Política Nacional do Meio Ambiente e criou as bases para a proteção ambiental, ao conceituar expressões como "meio ambiente", "poluidor", "poluição" e "recursos naturais".

Em 1986, o Conselho Nacional do Meio Ambiente (Conama) publicou uma resolução sobre o tema e passou a exigir, para a realização de qualquer obra ou atividade que provoque impacto ambiental, o Estudo de Impacto Ambiental e seu respectivo resumo no Relatório de Impacto Ambiental (EIA/Rima), além de licenciamento e autorização expedidos pelo Ibama.

A Constituição Federal brasileira de 1988, promulgada um ano após a publicação do relatório *Nosso futuro comum*, incorporou o conceito de desenvolvimento sustentável e foi a primeira da história brasileira a dedicar um capítulo ao meio ambiente.

Extração ilegal de madeira na ilha de Marajó (PA), em 2012.

Rio-92

A Conferência das Nações Unidas sobre Meio Ambiente e Desenvolvimento (Cúpula da Terra, Rio-92 ou Eco-92) foi realizada em 1992, no Rio de Janeiro, e reuniu representantes de 178 países, além de milhares de membros de organizações não governamentais (ONGs) numa conferência paralela.

Na busca pelo desenvolvimento sustentável, foram elaboradas duas convenções (uma sobre a biodiversidade e outra sobre mudanças climáticas), uma declaração de princípios relativos às florestas e um plano de ação.

- **Convenção sobre Biodiversidade**: em vigor desde 1993, essa convenção tenta frear a destruição da fauna e da flora, concentradas principalmente nas florestas tropicais, as mais ricas em biodiversidade.
- **Convenção sobre Mudanças Climáticas**: em vigor desde 1994, estabeleceu várias medidas para diminuir a emissão de poluentes pelas indústrias, pelos automóveis e por outras fontes poluidoras, com o objetivo de atenuar o agravamento do efeito estufa, o avanço da desertificação, etc. Nessa convenção, foi assinado o **Protocolo de Kyoto** (Japão, 1997), visando à redução da emissão de poluentes na atmosfera.
- **Declaração de Princípios Relativos às Florestas**: é uma série de indicações sobre manejo, uso sustentável e outras práticas voltadas à preservação desses biomas.
- **Plano de Ação** (mais conhecido como **Agenda 21**): é um ambicioso programa para a implantação de um modelo de desenvolvimento sustentável em todo o mundo durante o século XXI.

Rio+10

A Cúpula Mundial sobre o Desenvolvimento Sustentável foi realizada em Johannesburgo, África do Sul, em 2002, reunindo delegações de 191 países.

Cúpula Mundial sobre o Desenvolvimento Sustentável, realizada em Johannesburgo (África do Sul), em 2002.

Nesse encontro foram discutidos quatro temas, escolhidos como os mais importantes para a implantação de um desenvolvimento sustentável:

- erradicação da pobreza;
- mudanças no padrão de produção e consumo;
- utilização sustentável dos recursos naturais;
- possibilidade de se compatibilizar os efeitos da globalização com a busca pelo desenvolvimento sustentável.

O documento final do encontro, denominado **Plano de Implementação da Agenda 21**, propõe alterações nos padrões mundiais de produção e consumo, com utilização racional dos recursos naturais e busca de modelos sustentáveis que usem menor quantidade de energia e produzam menos resíduos poluentes.

O Plano de Implementação da Agenda 21 acabou se restringindo a um conjunto de diretrizes que cada país signatário pode ou não realizar na prática, uma vez que não há nenhum órgão internacional de controle, cabendo a cada um transformar tais diretrizes em leis nacionais para garantir a sua realização.

Rio+20

A Conferência das Nações Unidas sobre Desenvolvimento Sustentável foi realizada no Rio de Janeiro em junho de 2012.

Seu documento final, *O futuro que queremos*, ficou restrito a uma série de declarações e não vinculou nenhuma obrigação prática aos países participantes.

Esse documento não apresentou nenhum avanço teórico ou prático em relação às conferências anteriores.

Nessa conferência foi apresentada a proposta de criação do conceito de **economia verde**, mas após muitas críticas e discussões teóricas não se chegou a um consenso sobre o seu conteúdo.

Exercícios resolvidos

1. (Vunesp-SP)

Copyright © 2000 Mauricio de Sousa Produções Ltda. Todos os direitos reservados (www.monica.com.br).

A análise da ação e do diálogo das personagens demonstra que

a) não existe legislação brasileira específica para a conservação das florestas nas propriedades privadas.

b) a economia verde impede a implantação de modelos econômicos ligados ao desenvolvimento sustentável.

c) a implantação de áreas de reflorestamento sem fins econômicos é um processo inócuo para a solução do quadro de degradação ambiental.

d) a conservação das florestas favorece a implantação de modelos econômicos sem sustentabilidade.

e) a destruição das florestas reflete a tendência antagônica entre o crescimento econômico e a conservação ambiental.

Resposta

Alternativa **E**.

A análise do diálogo remete à busca pelo desenvolvimento sustentável considerando suas três esferas: promoção da preservação ambiental com crescimento econômico e desenvolvimento social.

2. (UFSC)

Charge de Mariano.

A questão ambiental vem sendo discutida em conferências mundiais há bastante tempo. Uma das principais delas, conhecida como Conferência das Nações Unidas sobre o Meio Ambiente Humano, foi realizada em 1972, na cidade de Estocolmo, e contou com a presença de vários países para decidirem as ações nos vinte anos seguintes. Em 1992, no Rio de Janeiro, houve outra reunião de avaliação relativa às ações do último encontro. Mais recentemente, na mesma cidade, o encontro conhecido como Rio+20 avaliou o passado e propôs alternativas para as próximas décadas.

Adaptado de: <http://pilordia.blogspot.com.br/2012/06/reducao-do-ipi-as-portas-da-rio-20.html>. Acesso em: 5 ago. 2014.

Assinale a(s) proposição(ões) CORRETA(S).

(01) A energia nuclear não produz emissões atmosféricas, porém os custos para a extração de minérios (urânio, plutônio) são elevados, daí sua baixa utilização.

(02) A queima do petróleo, do carvão e, em menor escala, do gás natural libera gases poluentes na atmosfera, entre eles o clorofluorocarboneto, também conhecido como CFC, que contribui para a formação de ilhas de calor somente nos países em desenvolvimento.

(04) A formação do petróleo vem da deposição, no fundo de lagos e mares, de restos de animais e vegetais mortos ao longo de milhares de anos. A ação do calor e da alta pressão provocados pelo empilhamento dessas camadas possibilitou reações complexas, formando o petróleo.

(08) O solo é o resultado da ação conjunta de agentes externos (chuva, vento, umidade) e de matéria orgânica (restos de animais e plantas).

(16) A suinocultura no Brasil é uma atividade predominantemente de pequenas propriedades rurais, por isso a produção de dejetos suínos não tem causado danos ambientais significativos.

(32) A poluição do solo tem como uma das principais causas o uso de produtos químicos na agricultura, chamados de agrotóxicos.

Resposta

Os itens corretos são: 04 + 08 + 32. A soma é 44.

(01) A baixa utilização da energia nuclear está associada ao elevado grau de desenvolvimento tecnológico envolvido na construção e manutenção das usinas e ao risco de acidentes.
(02) A queima de combustíveis fósseis libera, principalmente, gás carbônico (CO_2); os CFCs são gases usados em refrigeradores, *sprays* e outros equipamentos.
(16) Embora a criação de suínos se realize predominantemente em pequenas propriedades que abastecem as agroindústrias, a produção de dejetos constitui um sério problema ambiental em razão do elevado número de produtores envolvidos e do grande volume de produção.

Exercícios propostos

Testes

1. (PUC-PR) A existência da espécie humana está diretamente ligada à preservação do ambiente natural. Essa integração tem sofrido diversas interferências nega-

tivas que começam a ameaçar a existência dos seres vivos. Diante desse cenário, pode-se AFIRMAR que:

I. O ritmo de crescimento da sociedade de consumo é superior e muito mais rápido do que a capacidade de regeneração natural dos recursos existentes no planeta e sabe-se que a poluição ambiental e os impactos que o meio tem sofrido não podem ser eliminados em curto prazo.

II. Os problemas ambientais adquiriram dimensões globais e afetam a biosfera como um todo, pois a fumaça expelida pelos automóveis e fábricas, ou mesmo os dejetos lançados em mares e rios atingem e atingirão a humanidade e o seu meio, sem distinção.

III. A camada de ozônio começa a ser recuperada com ações de proteção ao meio ambiente. Estudos mostram uma diminuição no buraco da camada de ozônio em virtude dos baixos índices do efeito estufa.

IV. Na litosfera existem pequenas moléculas de ozônio cujo símbolo químico é O_2. Essas moléculas filtram os raios ultravioleta provenientes do Sol, prejudiciais ao homem.

V. Sabe-se que a camada de ozônio retém os raios ultravioleta, que são altamente nocivos aos vegetais clorofilados, responsáveis pela fotossíntese e, consequentemente, pelo equilíbrio necessário à preservação da vida na Terra.

A alternativa CORRETA é:

a) I, II e III.

b) II, III e V.

c) III, IV e V.

d) I, II e V.

e) I, III e IV.

2. (Vunesp-SP) No final dos anos 80 algumas nações começaram a se preocupar com as questões ambientais, visto que a degradação ambiental representa um risco iminente para a estabilidade da nova ordem mundial. São soluções plausíveis:

a) as mudanças de estilo de vida, ações de saneamento e a reciclagem do lixo, visando à diminuição dos resíduos não orgânicos despejados no meio ambiente.

b) a diminuição do despejo de produtos químicos nos rios e mares e o aumento do uso de aparatos científicos e tecnológicos nas guerras.

c) a propagação de informações sobre educação ambiental, contribuindo para a ação predatória do homem sobre a natureza.

d) o emprego de recursos naturais de forma racional para que a industrialização dos países desenvolvidos possa gerar a dependência econômica de nações e economias periféricas.

e) a promoção do desenvolvimento sustentável, que atenda aos interesses da preservação do meio socioambiental dos países ricos.

3. (PUC-RJ)

A crítica à globalização expressa na charge refere-se à:
a) falta de recursos no mundo e, portanto, necessidade de serem pensadas medidas mais democráticas de reciclagem e reutilização para a segurança alimentar mundial.
b) inoperância dos Estados nacionais em atenderem às suas populações mais pobres através de políticas alimentares pautadas na realidade ambiental dos países periféricos.
c) aplicação das práticas ambientalistas bem-sucedidas dos países ricos em realidades socioespaciais desiguais, notadamente nos países emergentes do planeta.
d) desarticulação dos movimentos sociais em países pobres, que preferem investir em reciclagem a valorizar os discursos ambientalmente corretos.
e) incoerência das políticas agroalimentares nos países desenvolvidos, que insistem em seguir o receituário de produção agrícola dos países pobres.

4. (UFBA)

A antiga lenda grega de Pandora e da caixa que abriu libertando as pragas e desastres é um mito que podemos evocar na atualidade. Dessa forma, em uma aplicação do mito da caixa de Pandora, o desenvolvimento técnico-científico, médico e militar atual parece ter desencadeado forças de consequências perigosas que se voltam contra nós. Já temos sinais evidentes de advertência dados pelo ambiente global: terras cultiváveis estão sendo envenenadas por produtos químicos, o ar das grandes cidades é perigoso para respirar; florestas são derrubadas, rios e lagos estão cada vez mais poluídos por despejos de resíduos químicos. As vastas quantidades de poluentes que entram no oceano, quase um milhão de substâncias tóxicas, estão envenenando a vida marinha, especialmente as diatomáceas que absorvem o dióxido de carbono e produzem oxigênio.

MORAES, 2011, p. 168.

Com base nas informações do texto e nos conhecimentos sobre os grandes problemas ambientais ocorridos no mundo contemporâneo, pode-se afirmar:

(01) O assoreamento dos rios e das nascentes é um problema causado pela perda do solo, pois a remoção da mata ciliar faz com que as águas pluviais carreguem maior quantidade de sedimentos para os leitos fluviais, reduzindo, assim, a vazão e a profundidade dos canais de drenagem.

(02) A poluição do ar nas grandes cidades localizadas em fundo de vales, como a Cidade do México, agrava-se substancialmente, sobretudo durante o verão, uma vez que o ar mais aquecido favorece o aprisionamento dos poluentes em suspensão, concentrando-os nos níveis mais altos da atmosfera.

(04) O mar de Aral, localizado no extremo norte da Ásia, representa, na atualidade, um símbolo de preservação ambiental, no tocante ao uso de suas águas, pois conseguiu manter, ao longo das últimas décadas, a extensão original de sua área geográfica, sem alterar a salinidade.

(08) A silvicultura representa um agente modificador das florestas tropicais, uma vez que essa atividade substitui a mata original por outros tipos de árvores plantadas de forma homogênea, visando a atender, dentre outras, a produção de celulose.

(16) Os grandes centros urbanos vêm apresentando, cada vez mais, uma redução das áreas verdes e um contínuo aumento da permeabilidade dos solos, dificultando o escoamento superficial e ocasionando uma diminuição do lençol subterrâneo.

(32) Os oceanos recebem uma quantidade muito grande de poluentes, sobretudo nas desembocaduras dos canais fluviais, seja por descarga deliberada e transportada, seja por condições de arraste natural ou, ainda, por canais efluentes, comprometendo a qualidade das praias e a estrutura dos corais.

(64) O processo de desertificação que vem se alastrando no sudeste do Rio Grande do Sul advém de fatores climáticos associados ao uso intensivo do solo agrícola para produção de cereais, em terrenos de estrutura geológica cristalina, gerando uma verdadeira degradação ambiental denominada de "arenização".

Questão

5. (UFPR) O termo "sustentabilidade ambiental" tem ganhado expressão nos meios empresariais, políticos, acadêmicos e na sociedade de modo geral. Defina o termo e justifique o porquê da sua emergência, bem como os impasses que se colocam ao avanço dessa temática.

MÓDULO 12 • Etapas do capitalismo

Etapas do desenvolvimento capitalista e suas características principais					
Etapa do sistema e forma de acumulação	Nome da expansão e da doutrina hegemônica	Potências dominantes	Mão de obra predominante	Interesse principal das potências	Revolução tecnológica
Comercial (final do séc. XV – meados do séc. XVIII) • O acúmulo de capitais era realizado na esfera da circulação de mercadorias.	**Colonialismo** • Época das Grandes Navegações e da colonização da América. **Mercantilismo** • Defendia o protecionismo, o acúmulo de metais pelo Estado e a intervenção dele na economia.	**Espanha** **Portugal** **Reino Unido** **França** • Os dois primeiros foram mais importantes no início (expansão ultramarina) e os dois últimos, especialmente o Reino Unido, no final do período (acumulação de capital).	**Escrava**: nas colônias. • A maior parte dos escravos que trabalhavam nas plantações e minas da América era proveniente da África. **Artesãos e servos**: nas metrópoles.	**Comércio mundial de mercadorias** • Metais (ouro e prata); • açúcar; • especiarias; • escravos; etc.	**Comercial** • **Técnicas**: caravela, bússola e avanços da cartografia, revolucionando o transporte marítimo; início da integração do mundo que passa a ser sinônimo de planeta. • **Energia**: vento.
Industrial (meados do séc. XVIII – final do séc. XIX) • O acúmulo de capitais ocorria na esfera da produção de mercadorias.	**Imperialismo** • Colonização da África e da Ásia. **Liberalismo** • Defendia a mão invisível do mercado, portanto, era contrário à intervenção estatal na economia.	**Reino Unido** **Estados Unidos** **França** **Alemanha** **Japão** • O Reino Unido liderou esse período do capitalismo.	**Escrava**: nas colônias. **Assalariada**: nos países em processo de industrialização.	**Domínio de territórios** • Garantia de acesso a matérias-primas minerais e agrícolas para sustentar a industrialização das potências.	**Industrial (1ª)** • **Técnicas**: máquina a vapor, trem e barco a vapor, revolucionando a produção, o transporte marítimo e terrestre e ampliando as trocas. • **Energia**: carvão mineral.
Financeiro (final do séc. XIX – meados do séc. XX) • Ampliou-se o acúmulo de capitais produtivos (indústrias), e o capital financeiro (bancos) ganhou muita importância.	**Imperialismo** • **Direto**: África (países europeus) e Ásia (países europeus e Japão). • **Indireto**: América Latina (Estados Unidos). **Keynesianismo** • Defende a intervenção do Estado na economia para evitar ou se recuperar de crises; essa doutrina tornou-se hegemônica após a crise de 1929.	**Estados Unidos** **Alemanha** **Japão** **Reino Unido** **França** • O Reino Unido foi superado por outros países, sobretudo pelos Estados Unidos.	**Assalariada** • Cresce o emprego do trabalho assalariado no mundo todo, sobretudo nos países industrializados, e começam a surgir as sociedades de consumo.	**Domínio de territórios** • Garantia de acesso a matérias-primas minerais e agrícolas para sustentar a industrialização das potências e de mercados para seus produtos e investimentos. **Origem das transnacionais** • Início da expansão mundial das grandes empresas.	**Industrial (2ª)** • **Técnicas**: automóvel, avião e motores (a combustão interna e elétricos), contribuindo para a redução do tempo de deslocamento entre os lugares; aceleração do "encolhimento" do mundo. • **Energia**: petróleo e eletricidade.

Etapas do desenvolvimento capitalista e suas características principais

Etapa do sistema e forma de acumulação	Nome da expansão e da doutrina hegemônica	Potências dominantes	Mão de obra predominante	Interesse principal das potências	Revolução tecnológica
Informacional (pós-Segunda Guerra – dias de hoje) • Ampliou-se o acúmulo de capitais produtivos (indústria) e, sobretudo, especulativos (bancos, corretoras, fundos de investimentos, etc.). • Ocorreu a integração do sistema financeiro global.	**Globalização** • Houve uma aceleração de fluxos de capitais, mercadorias, pessoas e informações; essa aceleração foi possível por causa dos avanços tecnológicos. **Neoliberalismo** • Defende uma intervenção mínima do Estado na economia, que deve funcionar segundo as leis do mercado. • A falta de regulamentação, especialmente do setor financeiro, acabou levando o mundo à crise de 2008/2009.	**Estados Unidos China Japão Alemanha Reino Unido França BRICS** Os Estados Unidos permanecem como principal potência e líder da atual revolução técnico-científica, seguidos pelo Japão; mas a China emerge como a segunda economia do mundo, superando o PIB japonês em 2010.	**Assalariada** • Permanece como principal relação de trabalho no mundo, mas surgem novas relações, como a terceirização – a subcontratação e a prestação de serviços como pessoa jurídica, sem vínculos empregatícios. • Aumento do desemprego, sobretudo na Europa, em consequência da crise econômica que a atingiu mais intensamente a partir de 2010.	**Domínio do mercado mundial** • Disputa de mercados para exportação de mercadorias e para investimentos produtivos. • Redistribuição da riqueza econômica e do poder político no mundo, especialmente depois da crise de 2008/2009. **Expansão das transnacionais** • Maior expansão das empresas transnacionais, com o surgimento de muitas delas em países emergentes.	**Industrial (3ª) – técnico-científica ou informacional** • **Técnicas**: tecnologias de informação e comunicação, aviões a jato, trens de alta velocidade, robótica etc.; desenvolvimento do meio técnico--científico--informacional, a base da globalização. • **Energia**: fontes alternativas, como biomassa, eólica, e solar.

Exercícios resolvidos

1. (Ifsul-RS) O capitalismo evoluiu no que se refere ao sistema econômico, apresentando mudanças na maneira de organizar a economia e a sociedade e interferindo na divisão internacional do trabalho, de acordo com cada momento histórico. Contudo, alguns aspectos fundamentais caracterizaram o capitalismo desde suas etapas iniciais.

São eles:

a) economia de mercado, socialização dos meios de produção e planejamento estatal centralizado.

b) sociedade sem divisão de classes, economia planificada e socialização dos meios de produção.

c) sociedade dividida em classes, predomínio da propriedade privada, busca do lucro e acumulação de capital.

d) predomínio da propriedade privada, sociedade sem divisão de classes e economia de mercado.

Resposta

O sistema econômico capitalista é caracterizado pelo predomínio da propriedade privada dos meios de produção, como fábricas, fazendas, lojas, etc. Seus detentores são chamados de capitalistas, que investem seu dinheiro em busca de lucros crescentes, ou seja, de acumulação de capital. Para a economia funcionar os proprietários das empresas precisam contratar trabalhadores, que vendem sua força de trabalho no mercado em troca de um salário e gera lucro ao capitalista (mais-valia). Assim, esse sistema é marcado pela divisão de classes sociais, com interesses diferentes e que, por isso, muitas vezes entram em conflito, como uma greve, por exemplo. O capitalismo, apesar de sofrer intervenções pontuais do Estado, se caracteriza por ser uma economia que funciona segundo as leis do mercado, que é formado por diversos agentes econômicos. Portanto, a resposta correta é a alternativa **C**.

2. (UEM-PR) Considere os textos a seguir:

Texto 1: *Protesto contra Wall Street chega a mais cidades americanas*

Estamos incentivando outras cidades do país e do mundo. É um problema global, temos que fazer barulho', disse Tony Rodriguez, 25, deitado numa tenda em frente à prefeitura de Los Angeles. No sábado, 4.000 pessoas, segundo os organizadores, participaram de uma caminhada até o local, com cartazes que pediam mais emprego e justiça para os crimes financeiros de Wall Street.

Disponível em: <http://acervo.folha.com.br/fsp/2011/10/04>. Acesso em: 5 ago. 2014.

Texto 2: *Manifestações espalham-se por 82 países*

Roma registrou os maiores protestos contra o capitalismo, com 200 mil presentes, e houve confrontos com a polícia.

Disponível em: <http://acervo.folha.com.br/fsp/2011/10/16>. Acesso em: 5 ago. 2014.

Sobre a crise norte-americana referida nos textos, e sobre suas repercussões globais, assinale o que for correto.

(01) Em uma economia planificada como a norte-americana, houve protestos devido a um intenso fluxo de imigrantes desempregados, gerando grandes impactos sociais no país.

(02) A ampliação dos fluxos de capitais e a falta de controle estatal sobre o mercado, especialmente financeiro, sobretudo nos Estados Unidos, um país de forte tradição liberal, acabaram levando a uma grave crise econômica, repercutindo em escala global.

(04) Os setores sociais, mesmo em países desenvolvidos, protestam contra o desemprego ocasionado por crises econômico-financeiras e medidas neoliberais de uma Economia de Mercado.

(08) A fase do capitalismo financeiro caracteriza-se, também, pelo capital especulativo aplicado nas bolsas de valores, em busca de lucros mais rápidos. O capital especulativo, diferente do capital produtivo, não gera empregos. Essas transações financeiras levam muitas vezes a crises econômicas globais.

(16) A crise acima referida é idêntica àquela decorrente da quebra da Bolsa de Nova York de 1929, com a diferença de que, nesta última, não houve qualquer consequência para o Brasil.

Resposta

Os itens 02, 04 e 08 estão corretos. Portanto, a soma é 14.

[01] **Incorreta** – A planificação era uma característica de economias socialistas e, portanto, não se refere aos Estados Unidos, um país capitalista de forte tradição liberal.

[16] **Incorreta** – A crise atual é diferente da crise de 1929. Aquela teve origem na superprodução da indústria norte-americana após a Primeira Guerra e causou grandes impactos econômicos e políticos no Brasil: além da queda das exportações cafeeiras e do investimento do capital na industrialização, o país sofreu uma mudança em sua estrutura de poder com a ascensão de Getúlio Vargas.

Exercícios propostos

Testes

1. (UFG-GO) A expressão "expansão marítima europeia" é utilizada pela historiografia contemporânea, ao tratar dos séculos XV e XVI, para

   a) identificar o processo de aquisição de territórios na Europa por meio da drenagem de regiões próximas ao mar, tal como ocorrido nos Países Baixos.

   b) caracterizar o domínio político sobre o Oriente, auxiliado pela invenção da pólvora, da bússola e do astrolábio nas universidades europeias.

   c) criticar o belicismo europeu que usou o argumento religioso de "combate ao infiel" para justificar suas conquistas territoriais na Ásia.

   d) definir o desenvolvimento econômico europeu bem como o contato e comércio com povos de outros continentes.

   e) legitimar a adoção da cultura europeia por parte de outras nações como ação integrante do projeto civilizacional iluminista.

2. (UPE) A charge a seguir faz referência ao capitalista Cecil Rhodes, que investiu no expansionismo imperialista inglês.

Disponível em: <http://pos-aula.blogspot.com.br/2012/02/vozes-do-imperialismo.html>.

Com base na charge e nos conteúdos referentes ao neocolonialismo, analise as seguintes afirmações:

I. Podemos afirmar que os pés do capitalista estão assentados sobre as duas únicas possessões inglesas na África: Egito e África do Sul.

II. A projeção do personagem em relação ao continente expressa também a dimensão do interesse da Inglaterra pelos territórios africanos.

III. Os países europeus dividiram a África entre si, respeitando suas especificidades étnicas, religiosas e linguísticas.

IV. O Canal de Suez pode ser considerado uma consequência da presença inglesa na África.

V. O preconceito dos ingleses com os africanos foi de tal monta que deixou marcas até o presente, como o *Apartheid* na África do Sul.

Estão CORRETAS

a) I, II e III.

b) I, II e V.

c) II, IV e V.

d) III, IV e V.

e) I, III e IV.

3. (UEG-GO) Nas antigas civilizações, como Egito, Grécia e Roma, já existia, embora de forma incipiente, a organização estatal, mas só no início da Idade Moderna é que ocorrerá de fato a organização do Estado, sendo, portanto, uma construção histórica recente. Nas últimas décadas, suas formas, funções e papel vêm sendo bastante alterados.

Com relação às informações acima, é CORRETO afirmar:

a) a privatização de empresas estatais e a quebra do monopólio do Estado sobre os recursos energéticos são medidas adotadas pelo Estado de bem-estar social, visando ao seu fortalecimento no cenário internacional.

b) a redução do papel do Estado na sociedade, com mínima intervenção política de privatizações e maior abertura econômica, maior circulação de capital e mercadoria, é uma característica do Estado neoliberal.

c) o Estado Nacional reforçou, com a globalização, sua soberania perante outros atores do cenário internacional, como as organizações internacionais e os grandes blocos econômicos.

d) o neoliberalismo, adotado pelo Estado, em substituição ao keynesianismo, visa a uma política social voltada para a educação e saúde sob o controle e a ingerência do Estado.

4. (Cefet-MG)

Essa ideologia baseia-se no pressuposto de que a liberalização do mercado otimiza o crescimento e a riqueza no mundo, e leva à melhor distribuição desse incremento. Toda tentativa de controlar e regulamentar o mercado deve, portanto, apresentar resultados negativos, pois restringe a acumulação de lucros sobre o capital e, portanto, impede a maximização da taxa de crescimento. [...] Para os profetas de um mercado livre e global, tudo que importa é a soma de riqueza produzida e o crescimento econômico, sem qualquer referência ao modo como tal riqueza é distribuída.

HOBSBAWM, Eric. *O nosso século*: entrevista a Antonio Polito. São Paulo: Companhia das Letras, 2000. p. 78.

O texto faz referência a um modelo econômico e ideológico, do século XX. Esse modelo foi o

a) estatismo empregado por Adolf Hitler, na Alemanha.

b) neoliberalismo implementado por Margareth Thatcher, na Inglaterra.

c) keynesianismo implantado por Franklin Roosevelt, nos Estados Unidos.

d) nacional-desenvolvimentismo adotado por Juscelino Kubitschek, no Brasil.

5. (FGV-SP) De acordo com a Eurostat, agência oficial de estatísticas da União Europeia (UE), em julho de 2012, a média de desemprego entre os países da Zona do Euro foi de 11,3% da população ativa, atingindo um total de 18 milhões de pessoas.

Sobre o desemprego nos países que compõem a Zona do Euro, é correto afirmar:

a) As taxas de desemprego tendem a ser maiores nos países que apresentam custos de produção mais elevados, tais como a Áustria e a Holanda.

b) As taxas de desemprego tendem a ser menores entre os jovens de 15 a 24 anos, já que eles recém-ingressaram no mercado de trabalho.

c) Na Espanha e na Grécia, países fortemente atingidos pela crise econômica, mais de 1/5 da população ativa está desempregada.

d) A elevação do desemprego na região resulta da adoção de tecnologias pouco intensivas em mão de obra, pois contrasta com os sucessivos aumentos da produção industrial registrados na região desde o início de 2012.

e) Ainda que continuem elevadas, as taxas de desemprego registradas em julho de 2012 são menores do que as registradas no mesmo período de 2011, quando os países da região estavam em plena crise econômica.

6. (Fuvest-SP)

Disponível em: <nanihumor.com>. Acesso em: 5 ago. 2014.

Com base nas charges e em seus conhecimentos, assinale a alternativa correta.

a) Apesar da grave crise econômica que atingiu alguns países da Zona do Euro, entre os quais a Grécia, outras nações ainda pleiteiam sua entrada nesse Bloco.

b) A ajuda financeira dirigida aos países da Zona do Euro e, em especial à Grécia, visou evitar o espalhamento, pelo mundo, dos efeitos da bolha imobiliária grega.

c) Por causa de exigências dos credores responsáveis pela ajuda financeira à Zona do Euro, a Grécia foi temporariamente suspensa desse Bloco.

d) Com a crise econômica na Zona do Euro, houve uma sensível diminuição dos fluxos turísticos internacionais para a Europa, causando desemprego em massa, sobretudo na Grécia.

e) Graças à rápida intervenção dos países-membros, a grave crise econômica que atingiu a Zona do Euro restringiu-se à Grécia, à França e ao Reino Unido.

Questão

7. (UFRJ)

A Geografia pode ser construída a partir da consideração do espaço como um conjunto de fixos e fluxos [...] A interação entre fixos e fluxos modifica o significado e o valor de ambos.

SANTOS, Milton. *A natureza do espaço*. 1996.

A atual crise no sistema financeiro global iniciou-se no mercado imobiliário norte-americano, inflado por operações com títulos hipotecários. A hipoteca é uma das formas de transformar um fixo (bem imóvel) em fluxo (aplicação financeira). No espaço geográfico isso significa transformar bens fixos do território em fluxos voláteis de capital.

a) Explique por que a transformação de um fixo em fluxo permite maior e mais rápida circulação do capital entre os lugares.

b) Apresente um efeito da crise financeira sobre os fixos no território.

MÓDULO 13 • A globalização e seus principais fluxos

1. Globalização

O conceito de **globalização** surgiu na década de 1980 nos Estados Unidos e identifica a fase atual da expansão mundial do capitalismo.

- **É fruto da revolução técnico-científica ou informacional**: não seria viabilizado sem os avanços técnicos na produção e na circulação.
- **Criou um sistema-mundo**: define a integração e a interdependência planetária.
- **Seus principais atores**: as empresas transnacionais dos setores industrial, agrícola, financeiro e serviços.
- **Sua expansão territorial é desigual**: o processo de globalização é mais concentrado nas cidades globais, os nós das redes mundiais de transportes, telecomunicações, serviços, etc.

2. Capital especulativo

Capital especulativo é aquele que é investido no curto prazo com a intenção de obter lucro rápido com a compra e venda de ações, moedas, títulos públicos, mercadorias etc.

- Os 10 maiores bancos do mundo estão sediados em países desenvolvidos: Estados Unidos (3), Reino Unido (2), França (2), Alemanha, Japão e Espanha.
- O maior banco do mundo é o britânico HSBC Holdings, seguido pelo alemão Deutsche Bank.
- A maior bolsa de valores do mundo é a de Nova York (NYSE) e a segunda é a Nasdaq, ambas norte-americanas.
- Ação pode ser um investimento produtivo, a espera de lucro no longo prazo e recebimento de dividendos, ou especulativo, que foca o lucro no curto prazo.

3. Capital produtivo

Capital produtivo é aquele que se aloca no território convertendo-se em fábricas, fazendas, minas, usinas elétricas, portos, lojas, etc. e contribui para o aumento da produção de um país.

- Entre os que mais recebem investimentos produtivos no mundo (2012) há tanto países desenvolvidos como em desenvolvimento.
- Os Estados Unidos foram o país que mais recebeu investimentos, seguidos pela China e por Hong Kong (China); o Brasil foi o 4º maior receptor.
- As transnacionais ou multinacionais são os principais agentes que comandam os investimentos produtivos no planeta: sua expansão pelo mundo apresenta aspectos positivos e negativos.
- A norte-americana General Electric é a maior transnacional do mundo (2012), considerando o patrimônio no exterior, seguida pela holandesa Royal Dutch Shell e pela britânica BP, ambas petrolíferas.
- Considerando o faturamento, a maior corporação do mundo (2012) é a Royal Dutch Shell, seguida pela norte-americana Wal-Mart Stores.
- Entre as 10 maiores do mundo há chinesas (3), norte-americanas (2), britânica, francesa, alemã, holandesa e japonesa.
- Entre as 10 maiores da Global 500 da revista *Fortune* há empresas petrolíferas (6), automobilísticas (2), elétrica e varejista, ou seja, as maiores empresas do planeta ainda são ligadas ao petróleo, a principal energia que move o mundo.

4. Comunicações

As **informações** circulam pelo mundo via televisão, rádio, internet, jornais, revistas, entre outras fontes.

- A expansão da internet ampliou o acesso à informação e ao conhecimento, mas somente 34% da população mundial (2012) está conectada à rede mundial de computadores.

- Na China está a maior concentração de internautas do mundo (2012), com 538 milhões de usuários, seguida pelos Estados Unidos, com 245 milhões; o Brasil é o 5º mais conectado, com 88 milhões de usuários.

- A Islândia é o país com maior penetração da internet, tendo 97,8% da população conectada (2011); seguida pela Noruega, com 97,2%; no Brasil esse índice ainda é relativamente baixo: 45,6%.

Os maiores usuários da internet em termos absolutos – jun. 2012

Posição/país	Total de usuários (em milhões)	Porcentagem dos usuários em relação à população do país
1. China	538	40,1
2. Estados Unidos	245	78,1
3. Índia	137	11,4
4. Japão	101	79,5
5. Brasil	88	45,6
6. Rússia	68	47,7
7. Alemanha	67	83,0
Mundo	2 406	34,3

INTERNET World Stats. *Top 20 countries with highest number of internet users*, 30 jun. 2012. Disponível em: <www.internetworldstats.com/top20.htm>. Acesso em: 8 abr. 2014.

Os maiores usuários da internet em termos relativos – dez. 2011

Posição/país	Total de usuários (em milhões)	Porcentagem dos usuários em relação à população do país
1. Islândia	0,3	97,8
2. Noruega	4,6	97,2
3. Suécia	8,4	92,9
4. Luxemburgo	0,5	91,4
5. Austrália	19,6	89,8
6. Países Baixos	15,1	89,5
7. Dinamarca	4,9	89,0

INTERNET World Stats. *Top 50 countries with highest internet penetration rates*, 31 dez. 2011. Disponível em: <www.internetworldstats.com/top25.htm>. Acesso em: 8 abr. 2014.

5. Turismo

O **turista** é a pessoa que visita um lugar diferente do seu local de moradia, no mesmo país ou no exterior, e retorna em um prazo curto para sua residência; já o migrante fixa residência em outro lugar do país ou do exterior, onde é considerado imigrante.

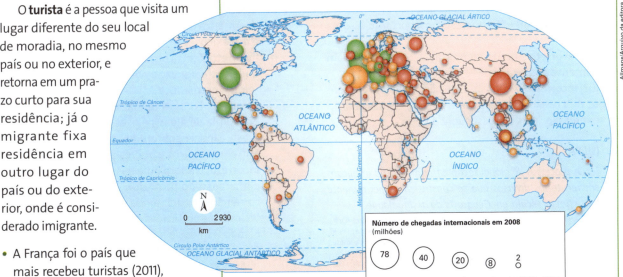

Adaptado de: LE MONDE. *El atlas de las mundializaciones*. Valencia: Fundación Mondiplo, 2011. p. 160.

- A França foi o país que mais recebeu turistas (2011), com 81 milhões de visitantes, seguida pelos Estados Unidos, com 63 milhões.

- Todos os países do mundo receberam cerca de 1 bilhão de turistas, mas apenas 10 países ficaram com 43,5% desse total, ou seja, o turismo é muito concentrado em poucos países.

- Os Estados Unidos são o país mais influente na indústria cultural e exportam o *American way of life* para o mundo por meio dos estúdios de Hollywood, das agências de notícias, redes de televisão, cadeias de restaurantes, da música, do esporte, etc.

- Há muita adesão ao estilo de vida norte-americano, mas também muita resistência: o movimento *Slow Food* é um exemplo de resistência ao *fast-food* das redes de restaurantes norte-americanas.

Exercícios resolvidos

1. (UEM-PR) Sobre a globalização, é correto afirmar que
   (01) a globalização resulta de transformações do capitalismo, que desacelera o fluxo migratório, pois a reestruturação que ocorre na produção amplia o número de empregos e absorve os trabalhadores.
   (02) a globalização resulta, nos países subdesenvolvidos, em um crescimento acelerado da população. Esse crescimento provoca a fome e a miséria, confirmando a Teoria de Malthus.
   (04) no bojo da globalização, as transformações socioeconômicas são aceleradas e as empresas transnacionais reconstroem múltiplos espaços em escala global.
   (08) a globalização assinala a aceleração de fluxos não apenas de mercadorias e capitais, mas também de pessoas (turistas, estudantes, executivos de empresas e trabalhadores que assumem trabalhos não especializados).
   (16) embora tenha suas origens mais imediatas na expansão econômica, ocorrida após a Segunda Guerra e com a Revolução Técnico-Científica, a globalização é a continuidade do longo processo histórico de mundialização capitalista.

Resposta

Os itens 04 + 08 + 16 estão corretos; portanto, a soma é 28.
[01] **Incorreto** – Com a globalização tem ocorrido um aumento das migrações e do desemprego.
[02] **Incorreto** – A globalização não resulta no aumento do crescimento vegetativo e não se usa mais a expressão "país subdesenvolvido".

2. (UEPA)

Os processos de globalização e fragmentação implicam em territórios diversos que se constituem, especialmente neste fim de século, em Geografia da desigualdade.

SANTOS, Milton; SOUZA, Maria Adélia A.; SILVEIRA, Maria Laura (Org.). *Território*: globalização e fragmentação. São Paulo: Hucitec, 1998. (Col. Geografia: Teoria e Realidade.)

A partir da interpretação da citação acima, é verdadeiro afirmar que:
a) uma das características do atual espaço econômico mundial é a presença dos blocos econômicos que evidenciam uma tendência de fragmentação do território. Esses blocos, no contexto interno, apresentam desigualdades evidentes, como exemplo pode ser citado o NAFTA, que tem no Canadá seu representante de menor expressão econômica se comparado aos Estados Unidos e ao México.
b) a manifestação territorial da Geografia da desigualdade vem se atenuando nos últimos anos, consequência do avanço do processo de globalização que unifica o espaço mundial em vários aspectos, mas principalmente na mundialização da cultura, com a extinção da dualidade local/global.
c) no contexto global, as desigualdades entre os denominados países ricos e países pobres praticamente desapareceram, graças à integração da economia mundial que propiciou um crescimento significativo dos países emergentes concentrados no chamado "sul pobre", a exemplo do Brasil e da Argentina.
d) a globalização tornou o comércio mundial mais intenso, sendo um dos instrumentos deste crescimento a criação da Organização Mundial do Comércio (OMC), que tem como metas abrir as economias nacionais, eliminar o protecionismo e facilitar o livre trânsito de mercadorias, o que tem realizado com eficiência, fato que tem contribuído para a diminuição das desigualdades entre as diversas nações do mundo.
e) uma demonstração evidente da materialização territorial das desigualdades diz respeito aos benefícios advindos da intensificação dos meios de comunicação, em especial a internet, que possui maior concentração de usuários nos países ricos e em menor escala de uso nos países pobres, notadamente no continente africano.

Resposta

a) **Incorreto**. No NAFTA (Acordo de Livre Comércio da América do Norte), o país de menor expressão é o México.
b) **Incorreto**. Tem ocorrido um aumento da desigualdade entre riqueza e pobreza e a dualidade local--global permanece.
c) **Incorreto**. Embora tenha havido crescimento na economia de alguns países emergentes, como o Brasil, a Índia e sobretudo a China, a desigualdade entre países ricos e pobres permanece.
d) **Incorreto**. Embora uma das metas da OMC seja a eliminação do protecionismo e a expansão do comércio mundial, ainda persistem políticas protecionistas praticadas por alguns países, como os Estados Unidos e a França.
e) **Correto**. A exclusão digital é uma forma de ampliar o abismo entre a riqueza e a pobreza no mundo globalizado, seja no interior de cada país, seja entre os países.

Exercícios propostos

Testes

1. (UFSM-RS) Observe a fotografia registrada em Mogadíscio (Somália), em 23 de setembro de 2010, premiada no World Press Photo.

A mesma globalização que faz o capital girar da Ásia às Américas em segundos e entrelaça os interesses de nações distantes também acirra a competição por mercados. A disputa por riquezas naturais marca a história da África e dá o cenário no qual a Somália se desagregou como país e sucumbiu às lutas de bandos armados.

Revista *Atualidades*, ed. 13, 2011. p. 4.

Assinale a alternativa que engloba tanto o pensamento do texto quanto a realidade da foto.

a) Ao mesmo tempo que países prosperam, que a tecnologia rompe fronteiras e que a informação torna o globo um lugar pequeno, há povos e regiões que regridem à sociedade tribal.
b) A globalização enriquece os países da Ásia e das Américas e enfraquece as economias dos países africanos.
c) As crises agudas de fome que vêm atingindo países africanos, nas últimas décadas, decorrem das conjunturas climáticas de estações secas prolongadas.
d) Nos países africanos em que os fatores estruturais da pobreza foram resolvidos pela globalização dos mercados, um jovem precisa "matar um tubarão por dia".
e) A desintegração da velha economia de subsistência tribal desencadeou uma onda de fome de vastas proporções que vem sendo resolvida pela exportação de riquezas naturais, especialmente, pedras preciosas.

Charge para a próxima questão:

Assim caminha a humanidade – Sociedade de Consumo.
Disponível em: <http://blogdopedronelito.blogspot.com.br/2012/02/assim-caminha-a-humanidade.html>. Acesso em: 29 maio 2012.

2. (UEL-PR) A sociedade de consumo mantém uma correlação com o neoliberalismo, que amplia o espaço privado, restringe o espaço público e transforma os direitos sociais em serviços demarcados pelo mercado. Sobre essa dinâmica, considere as afirmativas a seguir.

I. Na lógica neoliberal do mercado, a busca do sucesso, a qualquer preço, pelo indivíduo e a volatilidade do sistema econômico-financeiro geram fatores de insegurança social.
II. O planeta foi transformado em uma unidade de operações das corporações financeiras, sendo a fragmentação e a dispersão socioeconômica consideradas como natural e positiva.
III. Os valores sociais constituídos no seio das comunidades tradicionais são respeitados por indivíduos egocentrados, portadores dos valores essenciais do neoliberalismo.
IV. A democracia encontra-se prestigiada pela capacidade dos cidadãos de vender os direitos conquistados como serviços.

Assinale a alternativa correta.
a) Somente as afirmativas I e II são corretas.
b) Somente as afirmativas I e IV são corretas.
c) Somente as afirmativas III e IV são corretas.
d) Somente as afirmativas I, II e III são corretas.
e) Somente as afirmativas II, III e IV são corretas.

3. (UERJ)

Volume de vendas (2005) e PIB (2004)

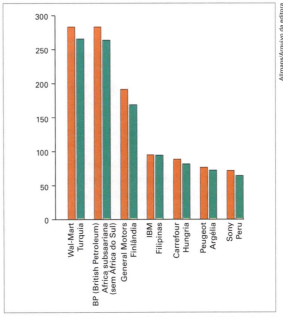

El Atlas de Le Monde Diplomatique II.
Buenos Aires: Capital Intelectual, 2006.

A análise do gráfico permite identificar características da geração de riqueza do atual processo de mundialização econômica.

Duas dessas características estão corretamente indicadas em:

a) concentração de capital – redução da capacidade material de vários países frente às grandes empresas
b) gigantismo das corporações – criação de redes produtivas articuladoras de companhias privadas e estatais
c) formação de oligopólios – convergência de interesses entre as grandes corporações e os governos nacionais
d) dispersão industrial – diminuição da relevância política das empresas em razão do fortalecimento das alianças interestatais

4. (FGV-RJ)

Vivemos numa era verdadeiramente global, em que o global se manifesta horizontalmente e não por meio de sistemas de integração verticais, como o Fundo Monetário Internacional e o sistema financeiro. Muito da literatura sobre a globalização foi incapaz de ver que o global se constitui nesses densos ambientes locais.

Saskia Sassen, 13 ago. 2011. Disponível em: <www.estadao.com.br/noticias a-globalizacao-do-protesto,758135>. Acesso em: 5 ago. 2014.

Assinale a alternativa que contém uma proposição coerente com os argumentos apresentados no texto:
a) As metrópoles não apenas sofrem os efeitos da globalização, mas são espaços que produzem a globalização.
b) As forças globais, tais como o FMI e os sistemas financeiros, não afetam os ambientes locais, desde que eles sejam densos.
c) Na escala global, os agentes operam horizontalmente, enquanto, na escala local, os agentes operam verticalmente.
d) A noção de escala global deixou de ter importância em Geografia, já que o global só se revela por meio do local.
e) A globalização conferiu densidade a todos os ambientes locais, na medida em que suas forças atingem todos os lugares.

5. (Cefet-MG)

Nas últimas décadas, o setor do trabalho assalariado nas regiões da tríade contraiu-se de modo significativo. A redução da renda do trabalhador dependente atingiu no decorrer dos últimos anos todos os segmentos da classe operária, incluindo o assim chamado núcleo ocupacional da grande indústria. Um quarto de todos os que são obrigados ao trabalho dependente não consegue mais manter o próprio padrão de vida além do nível de pobreza, mesmo com horas e mais horas extras.

ROTH, Karl Heinz. Crise global, proletarização global, contraperspectivas. In: FUMAGALLI, A; MEZZADRA, S. (Org.). *A crise da economia global*: mercados financeiros, lutas sociais e novos cenários políticos. Rio de Janeiro: Civilização Brasileira, 2011. p. 269-320.

O fragmento refere-se às alterações ocorridas na atualidade no mundo do trabalho nas regiões da tríade. Nesse contexto, um fator que contribui diretamente para essas mudanças é a(o)

a) incremento da atuação da Organização Internacional do Trabalho no combate às atividades trabalhistas informais.
b) ampliação do desemprego de nativos na Zona do Euro devido ao intenso fluxo de imigrantes nos últimos anos.
c) transferência de postos de trabalho dos países centrais para os periféricos com o intuito de atenuar custos de produção.
d) decréscimo da produção industrial do país mais desenvolvido da Europa, impactando as contratações nos demais continentes.
e) adoção pela China dos moldes nipônicos de produção, culminando na liberação de mão de obra nos grandes centros industriais.

6. (Fatec-SP) Analise o gráfico a seguir.

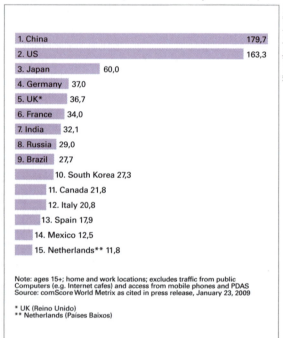

Top 15 Countries Worldwide, Ranked by Internet Users, December 2008 (millions of unique visitors)

Adaptado de: <http://metrics2.com/blog/2006/05/05/694_million_people_currently_use_the_internet_worl.html>. Acesso em: 5 ago. 2014.

As informações do gráfico sobre usuários da internet permitem afirmar que
a) os três países com maior número de usuários são os mais democráticos.
b) os seis países com maior número de usuários são, predominantemente, países centrais.
c) o continente africano tem representantes entre os quinze países com maior número de usuários.
d) os cinco países com maior número de usuários correspondem aos países mais populosos do mundo.
e) os três países com maior número de usuários são países de industrialização mais antiga.

MÓDULO 14 • Desenvolvimento humano e objetivos do milênio

1. Os países em desenvolvimento são heterogêneos

O **mundo em desenvolvimento** é bastante heterogêneo e essa heterogeneidade aumentou com o surgimento dos países emergentes.

Segundo o Unctad (agência da ONU), o **mundo em desenvolvimento** é dividido em:

- países emergentes;
- países menos desenvolvidos;
- países em transição.

Há incoerências na classificação dos países feita pela Unctad.

Durante a Guerra Fria era comum regionalizar o mundo em desenvolvimento em:

- países subdesenvolvidos;
- países do terceiro mundo.

Na época da globalização e com o surgimento dos chamados países emergentes, essas classificações já não fazem sentido.

2. Diferenças socioeconômicas

O Banco Mundial produz uma série de indicadores que apontam as diferenças socioeconômicas e podem ser encontrados em relatórios como:

- Relatório de Desenvolvimento Mundial;
- Relatório de Indicadores Mundiais.

O Banco Mundial classifica os países por renda:

- baixa;
- média-baixa;
- média-alta;
- alta.

O Banco Mundial define a situação de pobreza no mundo em duas faixas:

- **pobreza**: pessoas que vivem com menos de 2 dólares/dia;
- **extrema pobreza**: pessoas que vivem com menos de 1,25 dólar/dia.

Pobreza extrema em 2010*

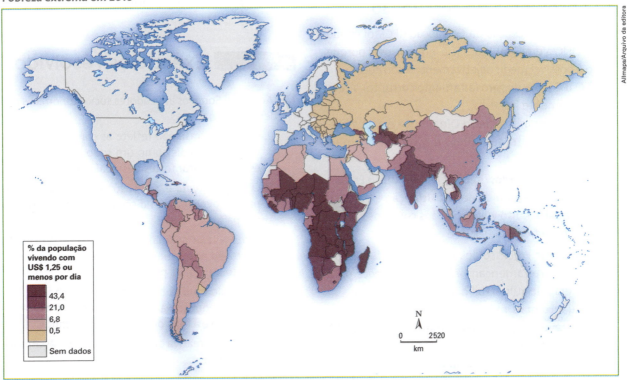

WORLD BANK. *Atlas of the millennium development goals.* New York: Collins Bartholomew/The World Bank, 2011. Disponível em: <www.app.collinsindicate.com/mdg/en-us>. Acesso em: 9 abr. 2014.

*Ou ano mais recente disponível.

Situação de alguns países:

- A Índia é o país onde há mais pobres no mundo: 843 milhões de pessoas, o que corresponde a 69% de sua população (2010).
- O Brasil tem 11% da população vivendo na pobreza, o que corresponde a 21 milhões de pessoas (2009).

A partir da expansão marítima e do desenvolvimento do capitalismo, o mundo ficou mais desigual.

3. Índice de Desenvolvimento Humano

O Programa das Nações Unidas para o Desenvolvimento (PNUD) produz uma série de indicadores que apontam a diversidade socioeconômica do mundo por meio do Índice de Desenvolvimento Humano (IDH) e podem ser encontrados no Relatório de Desenvolvimento Humano.

O IDH é um indicador composto da média obtida com base em três indicadores – expectativa de vida ao nascer, educação (escolaridade média e escolaridade esperada) e rendimento *per capita* (em dólar PPC). Esse indicador expressa melhor as condições de vida do que indicadores econômicos, como o PIB.

A Noruega é o país com maior IDH (0,955) e a República Democrática do Congo, com o menor (0,304).

4. O problema da corrupção

- O Índice de Percepção da Corrupção (IPC) foi criado pela ONG alemã Transparência Internacional porque não é possível medir objetivamente a corrupção:
  a) O IPC varia de zero (altamente corrupto) a cem (altamente honesto).
  b) Considerando o IPC, a Dinamarca é o país menos corrupto do mundo e a Somália, o mais corrupto.
- "**Estados fracassados**" são nações em que o Estado apresenta alto grau de desestruturação e cuja sociedade está muito vulnerável aos conflitos violentos e à desagregação social e econômica.

O Índice de Fracasso dos Estados (IFE) foi criado pela ONG norte-americana *The Fund for Peace* para medir o grau de vulnerabilidade das sociedades:
  a) Quanto mais próximo de zero o IFE, mais sustentável é o país; quanto mais próximo de 120, mais vulnerável;
  b) Considerando o IFE, a Finlândia é o Estado mais sustentável e a Somália, o mais vulnerável;
  c) Muitos dos países fracassados gastam mais com armas do que com educação e saúde.

- Há forte correlação entre os Estados mais corruptos, considerando o IPC, e os mais vulneráveis, segundo o IFE; no outro extremo, os menos corruptos também são os mais sustentáveis.

5. Objetivos de desenvolvimento do milênio

Os Objetivos de Desenvolvimento do Milênio (ODM) são oito compromissos firmados em 2000 por 189 países-membros da ONU, a serem atingidos em 2015.

Os ODM são:
1. Erradicar a extrema pobreza e a fome.
2. Atingir o ensino básico universal.
3. Promover a igualdade entre os sexos e a autonomia das mulheres.
4. Reduzir a mortalidade na infância.
5. Melhorar a saúde materna.
6. Combater o HIV/Aids, a malária e outras doenças.
7. Garantir a sustentabilidade ambiental.
8. Estabelecer uma parceria mundial para o desenvolvimento.

Os países de algumas regiões do mundo, como os da Ásia Oriental, com destaque para a China, já cumpriram suas metas; por outro lado, países de algumas regiões, como os da África Subsaariana, provavelmente, não deverão conseguir atingi-las.

Exercícios resolvidos

1. (Aman-RJ) Sobre os indicadores socioeconômicos podemos afirmar que:

   I. O IDH do Brasil não reflete as condições de vida vigentes no País como um todo, em virtude de este apresentar fortes desigualdades regionais.

   II. O PIB *per capita* é, por si só, um dado suficiente para se avaliar as condições socioeconômicas de um país.

   III. Tanto a taxa de analfabetismo como o nível de instrução possuem estreita relação com o rendimento (renda) da população.

   IV. O cálculo do IDH baseia-se em três indicadores socioeconômicos: a expectativa de vida, o nível de instrução e a taxa de mortalidade infantil.

   Assinale a alternativa que apresenta todas as afirmativas corretas:

   a) I e II

   b) I e III

   c) I, II e IV

   d) II, III e IV

   e) III e IV

Resposta

Alternativa **B**.

II. Incorreta: o PIB *per capita* é resultado da divisão do PIB pela população absoluta do país, portanto, expressa apenas a renda média do país, não permitindo examinar as condições socioeconômicas, já que não leva em conta a distribuição de renda, que é muito desigual no Brasil.

IV. Incorreta: o IDH é calculado com base nos indicadores de renda (RNB *per capita* em dólar PPC), longevidade (expectativa de vida média ao nascer em anos) e educação (anos de escolaridade/expectativa de anos de escolaridade).

Obs.: A afirmação I pode ser contestada dependendo da interpretação. O IDH, em escala nacional, objetiva apenas aferir a situação socioeconômica geral em relação aos demais países. É um indicador composto de médias, portanto, revela, sim, as condições de vida vigentes no país, pois é resultado da composição entre o IDH mais elevado de algumas regiões com o IDH mais baixo de outras. Para verificar as desigualdades regionais em países desiguais, como o Brasil, a China, a Rússia, a Índia, entre outros, é preciso calcular o IDH das regiões, dos estados/províncias e dos municípios de cada país. Isso é feito no Brasil com o IDH-M, que mede o IDH dos 5 565 municípios brasileiros, permitindo comparações regionais.

2. (UFSM-RS)

> Comer é fundamental para viver. A forma como nos alimentamos tem profunda influência no que nos rodeia – na paisagem, na biodiversidade da Terra e nas tradições.
>
> Slow Food Brasil. Disponível em: <www.slowfoodbrasil.com/textos/noticias-slow-food/237-do-prato-ao-planeta>. Acesso em: 5 ago. 2014.

Considerando o texto, assinale V (verdadeira) ou F (falsa) nas afirmativas a seguir.

( ) O perfil dietético dos países no mundo revela um padrão de consumo semelhante.

( ) Existe vinculação do que há no prato do indivíduo aos diferentes modos de vida e aos recursos do planeta.

( ) Os hábitos alimentares revelam uma relação de distanciamento dos recursos ambientais do planeta.

A sequência correta é

a) F – F – V.
b) F – V – V.
c) F – V – F.
d) V – F – F.
e) V – F – V.

Resposta

A única afirmação correta é a segunda, portanto, a resposta é a alternativa **C**.

A primeira afirmação é falsa, pois, apesar do avanço das redes transnacionais de restaurantes e de uma tentativa de padronização, a alimentação varia muito entre os países do mundo.

A terceira afirmação é falsa porque os hábitos alimentares estão muito vinculados às características do meio ambiente e à disponibilidade de alimentos em cada região do mundo.

Exercícios propostos

1. (UEPB) Observe a charge abaixo. A sua leitura nos mostra a crítica que o cartunista francês Plantum faz em relação

a) ao aquecimento global provocado pelos países industrializados, que se recusam a diminuir a emissão de gases para a atmosfera.

b) à divisão internacional do trabalho entre Norte e Sul, que se processa com base nas relações desiguais de troca, visto que os produtos comercializados pelo terceiro mundo têm pouco valor agregado.

c) à recessão que atingiu as economias dos Estados Unidos, Japão e União Europeia com forte repercussão em toda a economia global.

d) ao primeiro choque do petróleo ocorrido em 1973, quando os países produtores do Oriente Médio reduziram sua produção, elevaram o preço do barril e embargaram as vendas para os EUA e a Europa.

e) à Revolução Verde, que disseminou novas sementes e práticas agrícolas para aumentar a produção em países subdesenvolvidos durante as décadas de 1960/70, mas criou a dependência tecnológica em tais nações agrícolas.

2. (UEM-PR) Considere os dados da tabela abaixo e assinale a(s) alternativa(s) correta(s) sobre os indicadores sociais que ela apresenta:

Indicadores sociais – 2010

Países	IDH	IPM (%)*
Estados Unidos	0,960	13,6
Brasil	0,813	8,5
Etiópia	0,340	93

Relatório de Desenvolvimento Humano 2011. Nova York: PNUD; Coimbra: Almedina, 2011. Disponível em: <www.pnud.org.br>. Acesso em: 5 ago. 2014.

*Em 2010, o IPH (Índice de Pobreza Humana) sofreu mudanças na medição da desigualdade e da pobreza e é substituído pelo IPM (Índice de Pobreza Multidimensional), que considera uma gama maior de variáveis.

(01) Um IDH elevado corresponde a uma condição de vida melhor para toda a população de forma igualitária, como a alta da renda *per capita*.

(02) O Índice de Desenvolvimento Humano considera três dimensões básicas de desenvolvimento: longevidade, escolaridade e renda *per capita*.

(04) O Índice de Desenvolvimento Humano é uma média que ainda esconde as desigualdades, como no caso brasileiro.

(08) O Índice de Pobreza Multidimensional revela a parcela de pessoas que sofrem carências em dimensões básicas como saúde, educação e padrões de vida.

(16) O Índice de Desenvolvimento Humano mede a qualidade de vida considerando quatro dimensões básicas: PEA, PIB *per capita*, saneamento básico e alfabetização.

3. (Cefet-MG)

Na perspectiva da Organização Mundial do Comércio – OMC – os espaços em destaque podem ser denominados como

a) terceiro mundo.
b) países emergentes.
c) periferia deprimida.
d) integrantes do G-8.

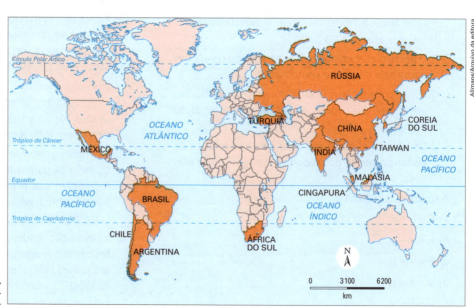

Adaptado de: CALDINI, Vera; ÍSOLA, Leda. *Atlas geográfico Saraiva*. São Paulo: Saraiva, 2009. p. 182.

4. (UEPG-PR) Com relação aos indicadores sociais e econômicos de um país ou de uma determinada região, assinale o que for correto.

(01) O Índice de Desenvolvimento Humano – IDH, criado pelo Programa das Nações Unidas para o Desenvolvimento – PNUD, leva em consideração a expectativa de vida (medida pela longevidade e saúde da população), escolaridade (medida pela taxa de analfabetismo e tempo médio de escolaridade) e Produto Interno Bruto – PIB *per capita* (que mede o nível de vida da população).

(02) Apenas a renda *per capita* de um país não exprime a sua realidade socioeconômica interna, pois não informa a respeito da distribuição desigual de renda nem sobre o bem-estar humano desse país.

(04) Para avaliar o desenvolvimento social e humano de um país ou região muitos são os índices utilizados, dentre os quais se incluem dados sobre a contagem da população, analfabetismo, taxa de escolaridade, acesso à água potável e à rede de esgoto, mortalidade infantil e fecundidade, expectativa de vida e cálculo do Produto Interno Bruto – PIB.

(08) No Brasil, em praticamente todos os quesitos normalmente utilizados para avaliar o desenvolvimento social e humano, as regiões Sul e Sudeste têm desempenho superior aos das regiões Norte, Centro-Oeste e, especialmente, Nordeste.

(16) O Índice de Desenvolvimento Humano – IDH, que vai de um a zero, é alto nos países como Noruega, Suécia, Austrália, Canadá e Holanda, dentre outros, e baixo na maioria dos países africanos subdesenvolvidos.

5. (IFSP)

O número de pessoas que sofre com a fome no mundo reduziu, nos últimos anos, a 868 milhões, informou a Organização das Nações Unidas para a Alimentação e Agricultura (FAO), que também advertiu que essa cifra continua sendo inaceitável e que os avanços na luta contra a desnutrição registraram uma desaceleração. Esse número representa 12,5% da população mundial, ou uma em cada oito pessoas, destaca o informe, que denuncia uma subnutrição inaceitavelmente alta.

Adaptado de: <m.g1.globo.com/mundo/noticia/2012/10/fao-numero-de-pessoas-com-fome-se-reduziu-a-868-milhoes-no-mundo-1.html>. Acesso em: 10 out. 2012.

Apesar da redução da fome destacada pela FAO, o problema do número de pessoas desnutridas continua sendo muito elevado, principalmente, nas seguintes regiões:

a) Oriente Médio e Leste europeu.
b) América Latina e Norte da Ásia.
c) Oceania e América Central.
d) Extremo Oriente e Norte da África.
e) África Subsaariana e Sul da Ásia.

6. (UFTM-MG) Analise a tabela.

Os dados da tabela e seus conhecimentos geográficos permitem afirmar que

a) o indicador exprime as diferenças regionais no desenvolvimento da tecnologia para agricultura.
b) a tabela retrata as condições de vida das populações nos diversos países do mundo.
c) o índice reflete o *ranking* dos países mais povoados.
d) a parcela da população que vive sob fortes privações apresenta alto desenvolvimento humano.
e) a posição dos países no *ranking* é calculada pela estabilidade econômica.

Ranking do Índice de Desenvolvimento Humano no Mundo – 2010

Muito alto	Alto	Baixo
1º Noruega	68º Bósnia-Herzegóvina	160º Mali
2º Austrália	69º Ucrânia	161º Burkina Faso
3º Nova Zelândia	70º Irã	162º Libéria
4º EUA	71º Macedônia	163º Chade
5º Irlanda	72º Maurício	164º Guiné-Bissau
6º Liechtenstein	73º Brasil	165º Moçambique
7º Holanda	74º Geórgia	166º Burundi
8º Canadá	75º Venezuela	167º Níger
9º Suécia	76º Armênia	168º Rep. Dem. do Congo
10º Alemanha	77º Equador	169º Zimbábue
	78º Belize	

PNUD, 2010.

7. (UFSM-RS)

Através da figura, pode-se observar a relação entre produção e distribuição dos alimentos. O gráfico permite visualizar que

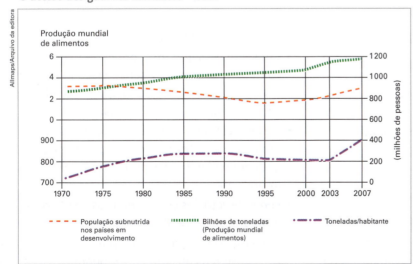

TERRA, Lygia; ARAÚJO, Regina; GUIMARÃES, Raul Borges. *Conexões*: estudos de geografia geral e do Brasil. 1. ed. São Paulo: Moderna, v. 1, 2010. p. 164.

a) a produção de alimentos por habitante apresenta tendência decrescente, sobretudo na última década.
b) a linha da produção de alimentos mantém uma tendência de contínuo decréscimo.
c) o total de subnutridos mostra tendência de queda no período representado.
d) o total de subnutridos vem aumentando, sobretudo nos dez últimos anos.
e) existe uma tendência de manutenção na distribuição desigual de acesso aos alimentos, à medida que ocorre uma redução na produção mundial de alimentos.

MÓDULO 15 • Ordem geopolítica e econômica: do pós-Segunda Guerra aos dias de hoje

1. O que é ordem geopolítica?

Ordem geopolítica é o arranjo geopolítico que regula as relações de poder entre as nações do mundo em determinado momento histórico.

- **Época da Guerra Fria**: ordem bipolar (até o fim da União Soviética em 1991).
- **Pós-Guerra Fria**: suposta ordem unipolar (hegemonia dos Estados Unidos até o ataque às torres gêmeas e ao Pentágono em 11 de setembro de 2001).
- **Atualmente**: ordem multipolar (principalmente após a crise econômica de 2008/2009 e o fortalecimento de alguns países emergentes).

2. A ordem geopolítica do pós--Segunda Guerra (Guerra Fria)

Características do período da Guerra Fria

- Bipolarização de poder: Estados Unidos × União Soviética.
- Conflito geopolítico-ideológico: leste (bloco socialista) × oeste (bloco capitalista).
- Corrida armamentista: premissa da mútua destruição assegurada – paz armada.

Início da Guerra Fria

- 1947 – Doutrina Truman: plano de ajuda aos países aliados dos Estados Unidos para conter o avanço do socialismo. Criação de alianças militares, como a Otan.
- Otan: na sua fundação (1949), eram 12 países-membros; atualmente (2014) são 28. Está sediada em Bruxelas (Bélgica).
- 1947 – Plano Marshall: ajuda financeira e material dos Estados Unidos (foram 13 bilhões de dólares em valores da época) para acelerar a recuperação econômica dos países da Europa Ocidental.
- OCDE: na sua fundação (1961), eram 20 países-membros; atualmente (2014) são 34. Está sediada em Paris (França).
- Bloqueio de Berlim (1948-1949): após a divisão de Berlim, a União Soviética impediu o acesso terrestre às zonas norte-americana, britânica e francesa da cidade; esse foi o primeiro incidente da Guerra Fria.

- Desdobramentos do bloqueio de Berlim: em 1949, surgiu a República Federal da Alemanha (Ocidental), na área de ocupação dos Estados Unidos, do Reino Unido e da França.
- Resposta soviética: no mesmo ano, houve a criação da República Democrática da Alemanha (Oriental), na área de ocupação da União Soviética.
- Criação do Pacto de Varsóvia (1955): resposta soviética à entrada da Alemanha Ocidental na Otan; constituição da "cortina de ferro"; construção do Muro de Berlim (1961) (principal símbolo do mundo bipolar, do conflito leste-oeste).

Fim da Guerra Fria

- Queda do muro de Berlim (1989).
- Fim da União Soviética (1991).
- Dissolução do Pacto de Varsóvia (1991).
- Reestruturação da Otan: ganhou mais membros e novas atribuições, porém ficou mais enxuta e flexível.

3. ONU: criação e *deficit* de representatividade

- Fundação da ONU: criada em 1955 para preservar a paz e a segurança no mundo do pós-guerra e estimular a cooperação entre os países-membros (51 na fundação; 193 em 2014).
- Órgãos de poder: o Conselho de Segurança (CS) e a Assembleia Geral são os dois principais órgãos de poder da ONU, que conta ainda com várias comissões para discutir diversos assuntos.
- Conselho de Segurança: órgão de maior poder, é composto de 15 países, sendo cinco permanentes (Estados Unidos, Rússia, China, Reino Unido e França) e 10 temporários (eleitos bianualmente).
- Assembleia Geral: congrega todos os países-membros e se reúne ordinariamente uma vez por ano ou extraordinariamente para debater alguma questão importante.
- Poder de veto dos cinco membros do CS: paralisou a ONU, especialmente durante a Guerra Fria.
- A invasão do Iraque (2003) foi feita pelos Estados Unidos sem a consulta ao CS, pondo em xeque o principal órgão de poder da ONU.

- O CS expressa a correlação de forças que emergiu no fim da Segunda Guerra e não representa mais a realidade de poder do mundo de hoje.
- O Brasil, a Alemanha, o Japão, a Índia e a África do Sul defendem a ampliação do número de membros permanentes e temporários do CS.
- A ampliação do CS é complicada, porque em cada continente há outros países pretendentes que questionam o protagonismo dos países citados anteriormente.

4. A cooperação Sul-Sul

- O Fórum de Diálogo IBAS (ou IBSA, em inglês) é o exemplo mais significativo de cooperação Sul-Sul.
- O IBAS é formado pelos seguintes países: Índia, Brasil e África do Sul.
- O encontro dos representantes do IBAS (Manmohan Singh, Dilma Rousseff e Jacob Zuma, respectivamente) na África do Sul, em 2011, indica um mundo mais plural do ponto de vista do poder político, assim como do gênero, e das questões étnico-racial e religiosa.

5. O que é ordem econômica?

Ordem econômica consiste no arranjo que regula as relações econômicas entre as nações do mundo em determinado momento histórico.

- Estados Unidos: país hegemônico no bloco ocidental no pós-guerra e com o maior PIB mundial. Passou a organizar o mundo capitalista de acordo com sua influência econômica.
- Bretton Woods (1944): acordo para a instituição de organismos que representavam a ordem econômica do pós-guerra – Banco Mundial e Fundo Monetário Internacional, ambos com sede em Washington D.C., Estados Unidos.
- O Plano Marshall (para a Europa) e o Plano Colombo (para a Ásia) se encaixaram na lógica da Doutrina Truman.
- Havana (1947): criação do Acordo Geral de Tarifas e Comércio (Gatt), entidade que completa a ordem econômica criada em Bretton Woods.
- Marrakech (1995): o Gatt transformou-se em Organização Mundial do Comércio (OMC), cuja sede fica em Genebra, na Suíça.
- G-7 (Grupo dos 7): fórum fundado em 1975 reunindo as sete maiores economias do mundo do período – Estados Unidos, Alemanha, Reino Unido, França, Itália, Japão e Canadá.
- G-8 (Grupo dos 8): em 1997, no encontro de Denver (Estados Unidos), a Rússia foi admitida no grupo.
- G-20 (Grupo dos 20): em 1999 foi criado e, desde então, reúne ministros das finanças e presidentes de bancos centrais dos 20 principais países desenvolvidos e emergentes.
- G-20 × G-8: depois da crise de 2008/2009, o G-20 se fortaleceu e ofuscou o G-8.
- Primeira Cúpula do G-20: aconteceu no final de 2008 em Washington D.C., Estados Unidos, e reuniu chefes de Estado e de Governo para discutir saídas para a crise financeira.
- Oitava Cúpula do G-20: aconteceu em São Petersburgo, na Rússia, em 2013; a crise ainda permeou esse encontro, que definiu medidas para estimular o crescimento econômico e a geração de empregos.

Os membros do G-20

Adaptado de: G-20. Austrália 2014. Member map. Disponível em: <www.g20.org/about_g20/interactive_mapl>. Acesso em: 9 abr. 2014.

6. O fim da Guerra Fria e a nova ordem mundial

A Guerra Fria acabou em 1991 com o fim da União Soviética.

Ainda há resquícios dessa época: o mais evidente é a divisão da Península Coreana entre Coreia do Norte (socialista) e Coreia do Sul (capitalista).

A Coreia do Norte possui armas nucleares e é um dos principais focos de instabilidade geopolítica no mundo de hoje.

Mundo unipolar?

- Logo após o fim da Guerra Fria prevaleceu a tese da unipolaridade, por causa da enorme superioridade econômica e militar dos Estados Unidos. A tese da unipolaridade ganhou força a partir da reação norte-americana ao ataque às torres gêmeas, que culminou na Guerra do Afeganistão (2001) e na Guerra do Iraque (2003).
- Doutrina Bush: intervenções armadas em países que poderiam oferecer riscos à segurança dos Estados Unidos elevaram os gastos com armas em 69% entre 2001 e 2012.

Mundo multipolar!

- Mudança no cenário geopolítico e econômico: crise de 2008/2009; eleição de Barack Obama; aumento da dívida pública; cortes de gastos militares; fim da Doutrina Bush e do unilateralismo exacerbado daquele período.

- Emergência de novas potências regionais, com destaque para os países do Brics, especialmente a China, que é candidata à potência mundial.
- Bric é um acrônimo inventado em 2003 por Jim O'Neill, do Banco Goldman Sachs, com base em um estudo de projeção de crescimento econômico.
- O Bric inicialmente era formado por quatro países (Brasil, Rússia, Índia e China). Em 2011, a África do Sul entrou no grupo, que passou a se chamar Brics.
- Embora tenha origem em uma projeção econômica de um grande banco, o acrônimo ganhou estatura política a partir de 2009, quando houve o primeiro encontro dos membros dos quatro países.
- Apesar das muitas diferenças entre os países do Brics, eles têm pontos que os aproximam; sobretudo, em relação ao fortalecimento diante das potências já estabelecidas.
- Atualmente, a China é a segunda economia do mundo e detém as maiores reservas internacionais de moedas, sendo também a maior credora dos Estados Unidos.

Exercícios resolvidos

1. (UFBA)

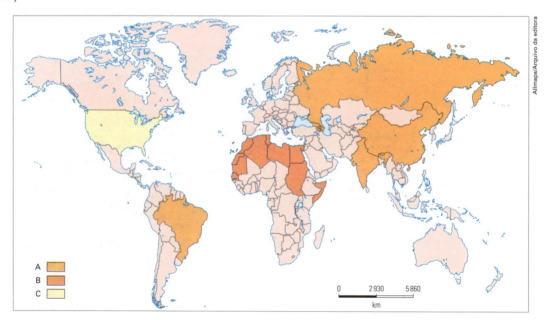

A partir da análise do mapa e dos conhecimentos sobre as relações internacionais econômicas e políticas na contemporaneidade, é correto afirmar:

(01) Estão representados, em **A**, países componentes do Bric, em torno dos quais se criou a expectativa de se tornarem a base de apoio da expansão da economia mundial, por apresentarem sinais de crescimento econômico vigoroso na última década.
(02) O Brasil, no conjunto de países que constituem o Bric, se destaca por apresentar uma participação crescente na produção e no fornecimento de alimentos e de matérias-primas.
(04) O destaque socioeconômico conquistado pelo Bric deve-se ao conjunto de bens simbólicos compartilhados, a exemplo de crenças, valores e ideais comuns.
(08) Países culturalmente diferentes — dos quais o Bric é um exemplo concreto — aproximam-se, no mundo globalizado atual, na defesa de interesses comuns, tais como comerciais, alfandegários e financeiros.
(16) Verifica-se, em **B**, o fenômeno da diversidade cultural entre as populações que o compõem, identificada na divisão da religião islâmica entre xiitas e sunitas, na presença das religiões locais tradicionais, e na disputa do poder entre grupos étnicos e políticos que controlam territórios de valor econômico e estratégico.
(32) Ocorrem, em **C**, contradições na política externa relativa às repúblicas socialistas de Cuba e da China, pois, enquanto os Estados Unidos mantêm restrições comerciais e políticas com a primeira, cultivam, com a segunda, relações político-diplomáticas e comerciais consistentes.
(64) Após 2008, vencida a crise que atingiu os países capitalistas, verifica-se o equilíbrio político e econômico entre os Estados Unidos e os países pertencentes ao Bric, em particular nas decisões do G-20.

Resposta

Os itens corretos são 01, 02, 08, 16 e 32, e somam 59 pontos. Os incorretos são:

(04) Os países do Bric são muito diversos.
(64) A crise financeira iniciada em 2008 ainda está em curso (2014).

2. (Unisc-RS) Geopolítica:

Pela primeira vez desde 1880, os países ricos representam menos de 50% da produção mundial e o centro da gravidade da economia global toma o rumo sul.

Carta na Escola, nº 39, setembro de 2009.

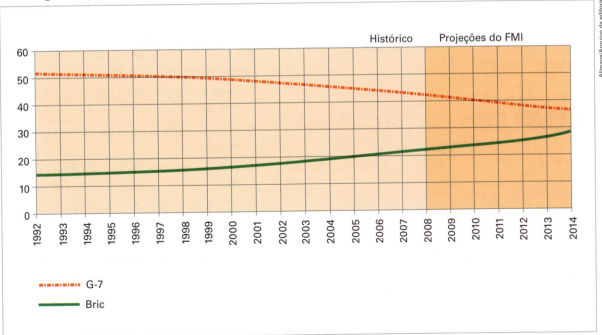

Carta na Escola. n. 39. set/2009, p. 35.

Um dos movimentos geopolíticos atuais e que dá sentido à afirmação anterior refere-se aos Brics.

De acordo com o texto e com o gráfico, assinale a alternativa **incorreta** a respeito dos Brics.

a) É o conjunto dos países chamados emergentes que vêm apresentando crescimento econômico significativo nestes últimos anos.

b) É formado por Índia, Rússia, China e Brasil, países dotados de grande população e extensão territorial, mais a África do Sul, que se associou ao grupo recentemente.

c) Os países que os constituem possuem, em comum, disponibilidade de recursos naturais, atração de investimentos e forte mercado consumidor.

d) Trata-se de um novo Bloco Político-Econômico de poder, que atualmente supera os países ditos desenvolvidos no contexto econômico mundial.

e) Constituem um rearranjo da geopolítica, em que os países que os integram reivindicam maior influência e uma realocação de suas posições no plano mundial, tanto sob a perspectiva econômica quanto na perspectiva política.

Resposta

A sigla "Bric" foi criada em 2001 pelo economista norte-americano Jim O'Neill para indicar as quatro maiores potências emergentes no mundo que deveriam ser priorizadas pelos investidores do Banco Goldman Sachs. Posteriormente, tornou-se um fórum (não é propriamente um bloco) de cooperação política e econômica, contando com a adesão da África do Sul, potência regional média. Porém, como mostra o gráfico, em termos de PIB mundial, o grupo Brics (Brasil, Rússia, Índia, China e África do Sul) ainda não superou o G-7 (Estados Unidos, Japão, Alemanha, França, Reino Unido, Itália e Canadá). A alternativa que responde é a **D**.

Exercícios propostos

Testes

1. (UFSJ-MG)

No outono de 1989, a expressão revolução de veludo foi cunhada para descrever uma mudança de regime pacífica, teatral e negociada em um pequeno país da Europa central que não existe mais. Esse rótulo sedutor foi então aplicado de forma retrospectiva aos acontecimentos de importância cumulativa que se desenrolaram na Polônia, na Hungria e na Alemanha Oriental [...].

TIMOTHY, G. Rebelião a sangue frio. *Folha de S.Paulo*, 22 nov. 2009.

O texto anterior refere-se ao processo histórico representado pelo

a) surgimento, na Europa, do bloco de repúblicas socialistas sob influência da União Soviética no início da Guerra Fria.

b) desmoronamento do bloco de repúblicas socialistas na Europa, concomitante ao início da crise que conduziu ao fim da União Soviética.

c) conjunto de rebeliões que sacudiram o bloco das repúblicas socialistas da Europa Oriental e foram duramente reprimidas pela União Soviética.

d) conjunto de conflitos políticos entre Estados Unidos e União Soviética que conduziu, na Europa Central, à construção do Muro de Berlim.

2. (UERJ)

Rússia e China rejeitam ameaça de guerra contra Irã

A Rússia e a China manifestaram sua inquietude com relação aos comentários do chanceler francês, Bernard Kouchner, sobre a possibilidade de uma guerra contra o Irã. Kouchner acusou a imprensa de "manipular" suas declarações. "Não quero que usem isso para dizer que sou um militarista", disse o chanceler, dias antes de os cinco membros permanentes do Conselho de Segurança da ONU – França, China, Rússia, Reino Unido e Estados Unidos – se reunirem para discutir possíveis novas sanções contra o Irã por causa de seu programa nuclear.

Adaptado de: <www.estadao.com.br>. Acesso em: 5 ago. 2014.

O Conselho de Segurança da ONU pode aprovar deliberações obrigatórias para todos os países-membros, inclusive a de intervenção militar, como ilustra a reportagem. Ele é composto de quinze membros, sendo dez rotativos e cinco permanentes com poder de veto. A principal explicação para essa desigualdade de poder entre os países que compõem o Conselho está ligada às características da:

a) geopolítica mundial na época da criação do organismo.

b) parceria militar entre as nações com cadeira cativa no órgão.

c) convergência diplomática dos países com capacidade atômica.

d) influência política das transnacionais no período da globalização.

3. (UFG-GO) A Coreia do Norte tem gerado tensões geopolíticas em decorrência de sua capacidade nuclear, do seu isolamento político e das disputas territoriais com sua vizinha Coreia do Sul.

Atualmente separadas por uma faixa desmilitarizada, a divisão que criou as duas Coreias se originou

a) no final da Primeira Guerra Mundial, com o controle da Península Coreana pelo Japão.

b) logo em seguida ao fim da revolução comunista na China, com a expansão de seus domínios territoriais até a Península Coreana.

c) após a Segunda Guerra Mundial, em um conflito regional que envolveu Estados Unidos da América, União Soviética e China.

d) no decorrer da Guerra Fria, com os Estados Unidos da América procurando ampliar sua influência no continente asiático.

e) no final dos anos 1980, com o enfraquecimento da União Soviética e a retirada de suas tropas do território coreano.

4. (FGV-SP) O trecho a seguir foi extraído da Carta de São Francisco, de 26 de junho de 1945, documento de fundação da Organização das Nações Unidas (ONU).

Art. 12, 2,: O Secretário-Geral, com o consentimento do Conselho de Segurança, comunicará à Assembleia Geral, em cada sessão, quaisquer assuntos relativos à manutenção da paz e da segurança internacionais que estiverem a ser tratados pelo Conselho de Segurança, e da mesma maneira dará conhecimento de tais assuntos à Assembleia Geral, ou aos membros das Nações Unidas, se a Assembleia não estiver em sessão, logo que o Conselho de Segurança terminar o exame dos referidos assuntos.

Considerando que o projeto político-diplomático da ONU está relacionado à manutenção da paz e da segurança nas relações internacionais, com base da igualdade jurídica (isonomia) entre os 193 países-membros, é CORRETO afirmar:

a) O princípio da igualdade jurídica entre os Estados-membros da ONU é plenamente garantido, pois todas as decisões são tomadas no plenário da Assembleia Geral da ONU, da qual participam os 193 membros.

b) Desde o final da II Guerra Mundial, a ONU tem conseguido, com autoridade e respeito aos direitos humanos, solucionar as controvérsias e evitar a proliferação das guerras nas diversas partes do mundo.

c) No caso das duas Guerras do Golfo (1990 e 2002), a ONU exigiu dos EUA e de seus aliados a plena obediência às convenções internacionais sobre os direitos dos prisioneiros de guerra, a interdição do uso de armamentos químicos, das torturas e de outros crimes de guerra.

d) Todos os Estados-membros possuem assento permanente no Conselho de Segurança da ONU, "retratando a nova ordem mundial, multipolar, subsequente ao fim da Guerra Fria".

e) O Conselho de Segurança da ONU possui cinco membros permanentes, com poder de veto, e delibera sobre a tutela e proteção da paz e segurança nas relações internacionais, ou a provocação de conflagrações legalizadas perante o direito internacional.

5. (UEM-PR) Assinale a(s) alternativa(s) que se refere(m) corretamente a países emergentes indicados no texto abaixo.

Lagarde diz que emergentes têm de se acostumar à moeda alta

A diretora-gerente do Fundo Monetário Internacional, Christine Lagarde, mandou um recado na manhã de hoje para os países dos Brics. "A Europa não é o único lugar onde é preciso agir. Os mercados emergentes também devem tratar de seus problemas", afirmou a número 1 do Fundo em entrevista coletiva na véspera da reunião semestral da entidade em Washington.

Disponível em: <http://folha.com.br>.
Acesso em: 19 abr. 2012.

(01) Bélgica, Rússia e México.

(02) Brasil, Índia e China.

(04) Bulgária, China e Índia.

(08) Brasil, China e Argentina.

(16) Brasil, China e Rússia.

6. (UERJ)

Em 25 de junho de 1950, tropas da Coreia do Norte ultrapassaram o Paralelo 38, que delimitava a fronteira com a Coreia do Sul. Com a aprovação do Conselho de Segurança da ONU, quinze países enviaram tropas em defesa da Coreia do Sul, comandadas pelo general norte-americano Douglas MacArthur. Após três anos de combate, foi assinado um armistício em 27 de julho de 1953, mantendo a divisão entre as Coreias.

Adaptado de: <cpdoc.fgv.br>. Acesso em: 5 ago. 2014.

O governo norte-coreano anunciou recentemente que não mais reconheceria o armistício assinado em 1953, o que trouxe novamente ao debate o episódio da Guerra da Coreia.

O fator que explica a dimensão assumida por essa guerra na década de 1950 está apresentado em:

a) mundialização do acesso a fontes de energia.

b) bipolaridade das relações políticas internacionais.

c) hegemonia soviética em países do Terceiro Mundo.

d) criação de multinacionais japonesas no extremo Oriente.

MÓDULO 16 • Conflitos armados no mundo

1. O que é terrorismo e guerrilha?

Terrorismo é a prática política de grupos que recorrem à violência contra pessoas e/ou instalações com a intenção de provocar o terror; esses grupos não se interessam em dialogar com a população do território-alvo para obter apoio.

A **guerrilha** e a **luta armada** promovidas por forças irregulares contra o Estado buscam a emancipação social e política das populações sujeitas a injustiças socioeconômicas e/ou opressão política; e tentam obter apoio da população do território-alvo.

- Alguns grupos, como as Farc, na Colômbia, nasceram guerrilheiros e depois viraram terroristas.
- Outros grupos, como a Al-Qaeda, no Afeganistão, sempre foram terroristas.
- É comum grupos guerrilheiros, como o PKK (Curdistão – Turquia) e o Fatah (Palestina), desenvolverem práticas terroristas.

O Estado também pode ser terrorista. Alguns exemplos desse caso são:

- o Estado soviético no período stalinista;
- o Estado alemão no período nazista;
- o Estado sul-africano durante o *apartheid*;
- os regimes militares latino-americanos durante a Guerra Fria.

2. O terrorismo da Al-Qaeda e a Guerra no Afeganistão

- A Al-Qaeda (na língua árabe, significa "a base") foi criada em 1988 sob a liderança de Osama bin Laden. O grupo teve origem no movimento de resistência à ocupação soviética no Afeganistão em 1980.
- Guerra no Afeganistão: começou em 2003 com a invasão de tropas norte-americanas e britânicas ao país.
- A Isaf e a Otan são as forças que controlam o país.
- Com a retirada das tropas da Isaf e Otan, o país será controlado pelo Exército Nacional Afegão.
- Os principais atentados terroristas praticados pela Al-Qaeda foram:

a) aviões arremessados contra as torres gêmeas, em Nova York, e contra o Pentágono, em Washington (Estados Unidos);
b) bomba colocada em um *resort* de Bali (Indonésia);
c) explosão simultânea de quatro trens com passageiros em Madri (Espanha);
d) explosões provocadas por homens-bomba no metrô e em um ônibus em Londres (Reino Unido).

3. O que são guerras étnicas e nacionalistas?

Os conceitos necessários para a compreensão desse tema são:

- **Etnia**: conceito antropológico, sinônimo de **povo**;
- **Povo**: como conceito antropológico, sinônimo de **etnia**; como conceito jurídico-político, sinônimo de **cidadão**;
- **População**: conceito com sentido estatístico, que abarca todos os habitantes de um território, independentemente de etnia ou cidadania;
- **Nação**: como conceito antropológico, sinônimo de **etnia** e **povo**; como conceito jurídico-político, sinônimo de **Estado**.

O separatismo no Cáucaso e nos Bálcãs

- Fragmentação da União Soviética: 15 novos países.
- Novos movimentos separatistas: na Rússia, chechenos; na Geórgia, abkhazes e ossétios.
- Fragmentação da Iugoslávia: seis novos países.
- Novos movimentos separatistas: na Sérvia, kosovares.

Conflitos étnicos na África Subsaariana

- Guerras na África: ocorrem, em grande parte, por causa da herança do imperialismo europeu.
- Conflitos étnico-religiosos: hauçás × ibos (Nigéria), hutus × tutsis (Ruanda), muçulmanos × cristãos, e animistas (Sudão).
- Guerra no Sudão (1983-2005): SPLM/A (grupo separatista do sul) × governo sudanês (sediado em Cartum).

- 2011: independência do Sudão do Sul.
- Forças de paz da ONU que atuam no Sudão/Sudão do Sul: Unamid, Unisfa e Unmiss.
- Além das diferenças étnico-religiosas, são os interesses políticos e socioeconômicos dos grupos dirigentes e a falta de oportunidades dos jovens que explicam os conflitos armados na África.

A "Primavera Árabe" e a guerra na Síria

- A chamada "Primavera Árabe" começou no final de 2010 com a autoimolação de Mohamed Bouazizi, um jovem tunisiano, e, em 2011, espalhou-se por diversos países do norte da África e do Oriente Médio.
- Tunísia: fuga do presidente Zine el-Abdine Ben Ali, no poder desde 1987; eleição do partido Ennahda.
- Egito: queda do presidente Hosni Mubarak, no poder desde 1981; eleição do Partido da Liberdade e Justiça.
- Líbia: deposição e assassinato de Muamar Kadafi, o mais antigo ditador da região, no poder desde 1969.
- Iêmen: deposição do ditador Ali Abdullah Saleh, no poder desde 1978.
- Síria: tentativa de deposição de Bashar al-Assad descamba para a guerra civil generalizada que no final de 2013 tinha sido responsável por mais de 100 mil mortos e cerca de 2 milhões de refugiados.

Os conflitos entre árabes e judeus e a questão palestina

- Diáspora: os judeus viviam na Palestina desde a Antiguidade, mas no início da Era Cristã foram expulsos e se dispersaram, principalmente pela Europa central e oriental.
- Retorno: no século XIX, a Palestina passou para o domínio do Reino Unido e começou a receber imigrantes judeus, o que gerou uma disputa territorial com os árabes.
- 1947: a ONU dividiu esse território (Palestina) em dois Estados: um para abrigar o povo judeu e outro, o povo palestino, fato que se tornou o estopim de diversas guerras.
- 1948: países árabes vizinhos, principalmente Egito, Síria e Jordânia, não aceitaram o novo Estado criado pela ONU (Israel) e atacaram-no; Israel venceu a guerra e ampliou seu território.
- 1964: foi criada a Organização para a Libertação da Palestina (OLP), que passou a cometer diversos atentados terroristas contra Israel.

- 1967 – Guerra dos Seis Dias: opôs Israel aos países árabes vizinhos. Após vencê-los, Israel ampliou ainda mais seu território e os palestinos ficaram sem Estado, fato que iniciou a chamada "questão palestina".
- 1973 – Guerra do Yom Kipur ("Dia do Perdão"): novamente vencida por Israel, e os árabes não recuperaram nenhuma parte do território.
- 1979 – Acordo de Camp David: Israel concordou em devolver a península do Sinai ao Egito em troca de reconhecimento político e um pacto de não agressão.
- 1982: Israel invadiu o Líbano para expulsar os guerrilheiros da OLP, mas manteve ocupada uma estreita faixa no sul do território libanês para proteger a fronteira da parte norte.
- Hezbollah: no lugar da OLP surgiu uma guerrilha que passou a atacar os soldados israelenses; em 2002, Israel se retirou do Líbano, mas o Hezbollah continua atuante.
- Década de 1980: a OLP abdicou da luta armada e do terrorismo e se tornou uma organização política empenhada na construção do Estado Palestino.
- 1993 – Acordos de Oslo (Noruega): reconhecimento recíproco e início do processo de devolução aos palestinos da maior parte da Faixa de Gaza e de diversas cidades da Cisjordânia.
- 1993: foi criada a Autoridade Nacional Palestina (ANP), embrião do futuro Estado Palestino, para administrar esses territórios.
- 2000: Israel ofereceu à ANP o controle de Gaza e de 90% da Cisjordânia, mas não aceitou a capital do futuro Estado Palestino em Jerusalém oriental nem o retorno dos refugiados. A ANP, por sua vez, recusou a oferta.
- 2000: o governo israelense retomou a implantação de colônias na Cisjordânia; intensificaram-se as ações terroristas dos grupos Hamas, Jihad Islâmica e Brigadas dos Mártires de Al-Aqsa.
- 2005: Israel iniciou a retirada da Faixa de Gaza transferindo-a para o controle da ANP. Simultaneamente, houve a expansão dos assentamentos de colonos judeus na Cisjordânia e da cerca de segurança.
- 2000 a 2012: por causa da superioridade militar israelense, morreram muito mais palestinos do que israelenses (durante esse período, 6 614 palestinos perderam a vida, contra 1 097 israelenses).
- 2012: a Assembleia Geral da ONU elevou a ANP à condição de Estado observador não membro; os palestinos esperam que esse novo *status* lhes dê mais força nas negociações com Israel.

Exercícios resolvidos

1. (UEM-PR) As guerras étnicas opõem povos diferentes pelo controle do poder de um país, mas também podem ser separatistas quando opõem um grupo étnico minoritário e um governo na luta pela independência de parte do território. Considerando as relações entre conflito(s) e região de ocorrência, assinale o que for correto.

(01) O movimento dos chechenos na Turquia, antiga ex-União Soviética.

(02) O movimento dos judeus, no atual Estado Palestino.

(04) O dos rebeldes separatistas cristãos contra os muçulmanos que estão no poder no Sudão.

(08) O conflito entre hutus *versus* tutsis em Ruanda.

(16) A atuação dos guerrilheiros curdos no norte da Espanha.

Resposta

Os itens corretos são 04 e 08. A soma é 12.

(01) **Incorreta** – O separatismo checheno ocorre na Rússia, na região do Cáucaso.

(02) **Incorreta** – A disputa territorial é entre os palestinos e o Estado de Israel.

(04) **Correta** – O separatismo cristão e animista no sul do Sudão levou à criação de um novo país: o Sudão do Sul.

(08) **Correta** – Em Ruanda ocorreu uma guerra entre hutus e tutsis.

(16) **Incorreta** – O separatismo dos curdos ocorre na Turquia.

2. (UFU-MG)

Em dezembro de 2010, um jovem tunisiano desempregado ateou fogo ao próprio corpo como manifestação contra as condições de vida em seu país. [...] Protestos se espalharam pela Tunísia, levando o presidente Zine el-Abdine Ben Ali a fugir para a Arábia Saudita apenas dez dias depois. Ben Ali estava no poder desde novembro de 1987.

Disponível em: <http://topicos.estadao.com.br/primavera-arabe>.
Acesso em: 5 ago. 2014. (Fragmento.)

O ato desesperado que terminou com a própria morte do jovem tunisiano teria sido o pontapé inicial do que viria a ser chamado mais tarde de Primavera Árabe, a qual se caracterizou por ser

a) um movimento revolucionário pró-democracia restrito às nações que fazem parte do "Mundo Árabe" desde 2010.

b) um conjunto de manifestações que resultaram, a partir de 2010, na derrubada dos chefes de Estado

da Tunísia, Argélia e Sudão, países localizados no norte da África.

c) uma onda de manifestações e protestos pró-democracia que vêm ocorrendo no Oriente Médio e no Norte da África desde dezembro de 2010.

d) um levante revolucionário de cunho político-religioso que objetiva retirar do poder os chefes de Estado ditadores que não cumprem a Lei Islâmica.

Resposta

Os protestos da chamada "Primavera Árabe" se iniciaram na Tunísia, após a morte de Mohamed Bouazizi, e se espalharam por diversos outros países do norte da África – Egito (deposição de Hosni Mubarak) e Líbia (deposição e assassinato de Muamar Kadafi) – e do Oriente Médio – Iêmen (deposição de Ali Abdullah Saleh) e Síria (tentativa de deposição de Bashar al-Assad, que desembocou numa guerra civil). Outros países dessas regiões também foram atingidos em menor escala pelas manifestações, mas não houve mudança de governantes. A alternativa correta é **C**.

Exercícios propostos

Testes

1. (Udesc) O continente africano abriga sociedades extremamente diversas, que falam muitas línguas e centenas de dialetos. Parte destas línguas existe em função da colonização do continente pelos países europeus, e parte é originária nas próprias populações autóctones.

Assinale a alternativa que contém o nome dos países africanos em que a língua portuguesa é falada.

a) África do Sul e Comores

b) Nigéria e Gabão

c) Angola e Moçambique

d) Namíbia e Uganda

e) Zimbábue e Quênia

2. (UFRN) O Oriente Médio, foco de conflitos geopolíticos, nacionalistas e religiosos que geram preocupações em diferentes países, é considerado uma das principais áreas estratégicas do mundo

a) por ter o seu território banhado pelos oceanos Pacífico e Índico e por sua importância no mercado mundial, devido ao elevado consumo de carvão mineral.

b) devido à sua localização próxima à China e à Índia e à sua importância econômica como principal produtora de carvão mineral em escala mundial.

c) devido à sua localização entre Ásia, Europa e África e à sua importância econômica como detentora das maiores reservas mundiais de petróleo em terra.

d) por ter o seu território banhado pelo Mar Mediterrâneo e Mar Vermelho e por sua importância no mercado mundial como principal consumidora de petróleo.

3. (Vunesp-SP) Ocorrida entre 2011 e 2012, a série de manifestações e protestos, que recebeu o nome de "Primavera Árabe", aconteceu principalmente em países situados

a) na América do Sul e no Oriente Médio.

b) no Sudeste Asiático e na América do Sul.

c) na África Subsaariana e no Oriente Médio.

d) no Leste Europeu e no Norte da África.

e) no Norte da África e no Oriente Médio.

4. (UERJ)

No início de 2011, o mundo assistiu apreensivo e esperançoso ao sopro de inconformismo no mundo árabe. Manifestantes contaram com a ajuda, em graus a serem precisados, de componentes cada vez mais comuns em situações desse tipo: a internet e o telefone celular. Na Tunísia, ativistas utilizaram Twitter e Facebook para organizar protestos. No Egito, blogs e também as redes sociais. Os episódios reaquecem o debate sobre qual é, afinal, o potencial dessas tecnologias quando o assunto é ativismo político e opõem dois grupos de analistas: os ciberutópicos, que acham que blogs e celulares tudo podem, e os cibercéticos, que pensam o contrário. A revolução pode não ser tuitada, no sentido de que um Twitter só não faz a revolução. Mas as que acontecerem no século XXI, é certo, passarão pelo Twitter e similares.

Adaptado de: *Veja*. Disponível em: <http://veja.abril.com.br>. Acesso em: 5 ago. 2014.

A reportagem apresenta uma reflexão acerca das possibilidades e limitações do uso das novas tecnologias no ativismo político no mundo atual.

As limitações existentes para o emprego dessas tecnologias são justificadas basicamente pela:

a) disparidade regional quanto aos níveis de alfabetização

b) hierarquização social relativa ao acesso às redes virtuais

c) censura da mídia em função do intervencionismo governamental

d) dispersão populacional devido às grandes extensões territoriais

5. (Unicamp-SP) Em discurso proferido em 20 de maio de 2011, o presidente dos EUA, Barack Obama, pronunciou-se sobre as negociações relativas ao conflito entre palestinos e israelenses, propondo o retorno à configuração territorial anterior à Guerra dos Seis Dias, ocorrida em 1967. Sobre o contexto relacionado ao conflito mencionado é correto afirmar que:

a) A criação do Estado de Israel, em 1948, marcou o início de um período de instabilidade no Oriente Médio, pois significou o confisco dos territórios do Estado da Palestina que existia até então e desagradou o mundo árabe.

b) A Guerra dos Seis Dias insere-se no contexto de outras disputas entre árabes e israelenses, por causa das reservas de petróleo localizadas naquela região do Oriente Médio.

c) A Guerra dos Seis Dias significou a ampliação territorial de Israel, com a anexação de territórios, justificada pelos israelenses como medida preventiva para garantir sua segurança contra ações árabes.

d) O discurso de Obama representa a postura tradicional da diplomacia norte-americana, que defende a existência dos Estados de Israel e da Palestina, e diverge da diplomacia europeia, que condena a existência dos dois Estados.

6. (Unimontes-MG) Nas afirmativas abaixo, assinale com a letra **C** as corretas e com a letra **I** as incorretas.

São entendidas como consequências econômicas e/ou políticas do ataque terrorista às Torres Gêmeas, ocorrido em 11 de setembro de 2001, nos EUA:

( ) A Guerra ao Terror, declarada por George W. Bush.

( ) A guerra contra o Iraque, com a justificativa de procura de armas de destruição em massa.

( ) A ofensiva dos EUA e países aliados ao Afeganistão e ao regime Talibã.

( ) O abalo e a perda de credibilidade da economia norte-americana que gerou crises como a de 2008.

A sequência **CORRETA** de respostas encontra-se na alternativa:

a) I, C, I e C.

b) C, I, C e I.

c) I, I, C, e I.

d) C, C, C e C.

Exercícios-tarefa

MÓDULO 1

Testes

1. (UFRGS-RS) O desenvolvimento tecnológico dos séculos XIX e XX alterou as formas de trabalho, as paisagens geográficas, os hábitos e os costumes das populações.

    Assinale a alternativa correta em relação a essas alterações.

    a) A produção de elevadores e automóveis, no final do século XIX e início do século XX, contribuiu para a verticalização e a intensificação da estrutura viária no espaço urbano.

    b) O conhecimento técnico-científico, nos séculos XIX e XX, contribuiu para reduzir a degradação ambiental.

    c) A criação de equipamentos agrícolas modernos viabilizou o cultivo de grandes extensões de terras e o aumento da demanda por trabalhadores no campo.

    d) O desenvolvimento econômico, tecnológico e social, que transformou as paisagens geográficas, tem sua origem nas políticas nacionalistas, implantadas pelos regimes autoritários, no final do século XIX.

    e) Tecnologias avançadas, direcionadas para a automação da produção, proporcionaram o aumento da produtividade, exigindo maior esforço físico e mental dos trabalhadores para realizar as atividades.

2. (Unimontes-MG) Observe a figura.

SILVEIRA, Ieda. *A Geografia da gente*: água, meio ambiente e paisagem. São Paulo: Ática, 2003.

Considerando as características das paisagens identificadas pelos algarismos I, II e III, é **incorreto** afirmar:

a) A Floresta Tropical pode ser identificada pela paisagem II, considerando a diversidade animal e vegetal, inclusive a presença de palmeira.

b) A paisagem identificada com o algarismo III refere-se a Floresta Temperada decídua ou de folhas caducas.

c) A paisagem identificada com o algarismo I é típica do continente africano, considerando a presença de animais de grande porte.

d) Os animais e os vegetais das paisagens I e III precisam adaptar-se às mudanças das estações, principalmente a do inverno.

Texto para a próxima questão:

Historicamente, a matemática é extremamente eficiente na descrição dos fenômenos naturais. O prêmio Nobel Eugene Wigner escreveu sobre a "surpreendente eficácia da matemática na formulação das leis da física, algo que nem compreendemos nem merecemos". Toquei outro dia na questão de a matemática ser uma descoberta ou uma invenção humana.

Aqueles que defendem que ela seja uma descoberta creem que existem verdades universais inalteráveis, independentes da criatividade humana. Nossa pesquisa simplesmente desvenda as leis e teoremas que estão por aí, existindo em algum metaespaço das ideias, como dizia Platão.

Nesse caso, uma civilização alienígena descobriria a mesma matemática, mesmo se a representasse com símbolos distintos. Se a matemática for uma descoberta, todas as inteligências cósmicas (se existirem) vão obter os mesmos resultados. Assim, ela seria uma língua universal e única.

Os que creem que a matemática é inventada, como eu, argumentam que nosso cérebro é produto de milhões de anos de evolução em circunstâncias bem particulares, que definiram o progresso da vida no nosso planeta.

[1]Conexões entre a realidade que percebemos e abstrações geométricas e algébricas são resultado de como vemos e interpretamos o mundo.

Em outras palavras, a matemática humana é produto da nossa história evolutiva.

Marcelo Gleiser. Folha de S. Paulo, Caderno Mais!, 31/05/09.

3. (UFF-RJ) A frase "conexões entre a realidade que percebemos e abstrações geométricas e algébricas são resultado de como vemos e interpretamos o mundo" (ref. 1) é reforçada pelas situações retratadas na charge e na fotografia a seguir.

O muro construído por Israel na Cisjordânia lembra também os guetos judeus na Segunda Guerra Mundial.
Le Monde Diplomatique Brasil, ago. 2009.

A articulação da frase e da charge com a realidade expressa na foto permite identificar uma prática da sociedade no espaço geográfico.

A prática espacial explicitamente identificada é:
a) vigilância comunitária.
b) proteção ambiental.
c) contenção territorial.
d) controle paisagístico.
e) reforma urbana.

MÓDULO 2

Testes

1. (UERN) A orientação é bíblica. Os próprios Reis Magos utilizaram da orientação para encontrar o local de nascimento do menino Jesus. Nos dias atuais, a orientação e a localização cartográfica são de extrema importância para o deslocamento entre cidades e países. Qual direção a ser tomada por um avião que saiu de uma cidade localizada a 5° S 48° W, para uma outra localizada a 30° S 66° W?
   a) Sudeste.
   b) Sudoeste.
   c) Noroeste.
   d) Nordeste.

2. (Unicamp-SP) A imagem abaixo mostra um local por onde passa o Trópico de Capricórnio.

Sobre o Trópico de Capricórnio podemos afirmar que:
a) É a linha imaginária ao sul do Equador, onde os raios solares incidem sobre a superfície de forma perpendicular, o que ocorre em um único dia no ano.
b) Os raios solares incidem perpendicularmente nesta linha imaginária durante o solstício de inverno, o que ocorre duas vezes por ano.
c) Durante o equinócio, os raios solares atingem de forma perpendicular a superfície no Trópico de Capricórnio, marcando o início do verão.
d) No início do verão (21 ou 22 de dezembro), as noites têm a mesma duração que os dias no Trópico de Capricórnio.

3. (UERJ)
   De acordo com as anotações no diário de bordo, presume-se que o padre Caspar calculou sua localização a partir do meridiano que passa sobre a Ilha do Ferro, 18° a oeste de Greenwich. Para ele, seu navio estava no meridiano 180°.
   Adaptado de: ECO, Umberto. *A ilha do dia anterior.* Rio de Janeiro: Record, 2006.

Localização do meridiano da Ilha de Ferro

Adaptado de: <www.nationalgeographic.com>. Acesso em: 5 ago. 2014.

O romance *A ilha do dia anterior*, de Umberto Eco, conta a história de um nobre europeu e de um padre, chamado Caspar, que participaram de duas expedições marítimas em meados do século XVII. O objetivo das expedições era tornar preciso o cálculo das longitudes. Tendo como referência o meridiano de Greenwich, a longitude do navio do padre Caspar corresponde a:

a) 158° Leste
b) 158° Oeste
c) 162° Leste
d) 162° Oeste

4. (Uespi) O que o desenho esquemático a seguir está especificamente representando?

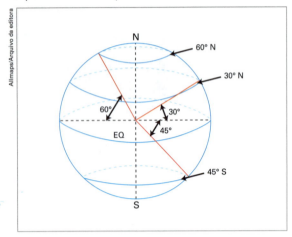

a) Os centros de altas e baixas pressões subtropicais.
b) A latitude.
c) As linhas isotérmicas.
d) A longitude.
e) As camadas internas do planeta de acordo com o grau geotérmico.

5. (UFSJ-MG) Observe a imagem abaixo.

Disponível em: <www1.folha.uol.com.br/folha/cotidiano/ult95u574933.shtml>. Acesso em: 11 ago. 2014.

A partir da análise da imagem, é **CORRETO** afirmar que

a) quando a aeronave realizou o último contato com o Brasil, os relógios em Paris marcavam 8h30min.
b) em sua trajetória, do Rio de Janeiro até o destino pretendido, a aeronave seguia no sentido sudeste-noroeste.
c) no momento do último contato com o Brasil, a aeronave sobrevoava o Oceano Atlântico em uma região de baixa latitude.
d) a região da queda do avião encontra-se próxima do Equador, em uma zona de divergência de ventos alísios.

6. (Udesc) Sobre o movimento de rotação, pode-se afirmar que:

I. consiste na volta que a Terra dá em torno do seu próprio eixo (de si mesma) e é realizado de oeste para leste;
II. tem duração de aproximadamente 24 horas e é responsável pela incidência da luz solar por todo o Equador;
III. é responsável pela alternância entre os dias e as noites.

Assinale a alternativa **correta**.

a) Somente as afirmativas I e III são verdadeiras.
b) Somente as afirmativas II e III são verdadeiras.
c) Somente as afirmativas I e II são verdadeiras.
d) Somente a afirmativa II é verdadeira.
e) Todas as afirmativas são verdadeiras.

7. (Udesc) Sobre o movimento de translação da Terra, pode-se afirmar que:

I. é o movimento responsável pelas estações do ano;
II. é o movimento que a Terra faz ao redor do Sol;
III. as datas que marcam o início das estações do ano são chamadas de solstícios (verão e inverno) e equinócios (primavera e outono);
IV. sua rota é elíptica;
V. periélio é a denominação dada à menor distância entre a Terra e o Sol;
VI. afélio é o ponto máximo de afastamento entre a Terra e o Sol.

Assinale a alternativa **correta**.

a) Somente as afirmativas I, II, III são verdadeiras.
b) Somente as afirmativas II, III e VI são verdadeiras.
c) Somente as afirmativas IV, V e VI são verdadeiras.
d) Somente as afirmativas I, II, III, V e VI são verdadeiras.
e) Todas as afirmativas são verdadeiras.

8. (UFG-GO) Leia o texto a seguir.

Para dar-lhes uma ideia das dimensões da Terra, eu lhes direi que, antes da invenção da eletricidade, era necessário manter, para o conjunto dos seis continentes, um verdadeiro exército de quatrocentos e sessenta e dois mil quinhentos e onze acendedores de lampiões.

Isto fazia, visto um pouco de longe, um magnífico efeito. Os movimentos desse exército eram ritmados como os de um balé de ópera. Primeiro vinha a vez dos acendedores de lampiões da Nova Zelândia e da Austrália. Esses, em seguida, acesos os lampiões, iam dormir. Entrava por sua vez a dança dos acendedores de lampiões da China e da Sibéria. E também desapareciam nos bastidores. Vinha a vez dos acendedores de lampiões da Rússia e das Índias.

Depois os da África e da Europa. Depois os da América do Sul. Os da América do Norte. E jamais se enganavam na ordem de entrada, quando apareciam em cena. Era um espetáculo grandioso.

Adaptado de: SAINT-EXUPÉRY, A. *O pequeno príncipe*. Tradução de Dom Marcos Barbosa. Rio de Janeiro: Agir, 2006. p. 30.

O "balé dos acendedores de lampiões", referido no texto, é uma construção metafórica que faz uma

a) menção ao atraso econômico das regiões do planeta.
b) crítica à diversidade dos habitantes da Terra.
c) alusão à variação climática na superfície do planeta.
d) referência aos diversos fusos horários da Terra.
e) sátira ao movimento de translação do planeta.

9. (Unisc-RS) Um congresso internacional, com sede em Tubingen, uma pequena cidade do estado de Baden-Wurttemberg, na Alemanha, realizou uma videoconferência *on-line* com início às 20h do dia 12 de outubro de 2011. Sabendo-se que a cidade de Santa Cruz do Sul-RS fica a 60° W de Tubingen, e que entre 27 de março e 30 de outubro a Alemanha estava com horário de verão, é correto afirmar que a videoconferência começou a ser transmitida em tempo real, em Santa Cruz do Sul-RS, às:

a) 11h.
b) 15h.
c) 12h.
d) 16h.
e) 18h.

10. (Uespi) O mapa do Brasil mostrado a seguir está delimitando um importante fato geográfico. Assinale-o.

a) As fronteiras agrícolas atuais.
b) Os limites entre bacias sedimentares e os terrenos de escudo.
c) A proposta de uma nova regionalização para o país.
d) Os fusos horários.
e) Os limites teóricos e práticos da continentalidade e maritimidade.

Questão

11. (UFG-GO) Os movimentos do planeta Terra são explicados pela força de atração que o Sol exerce sobre os astros que orbitam à sua volta. Dois desses movimentos, combinados com a inclinação do eixo da Terra, exercem, cotidianamente, influência sobre a vida no planeta. Com base nesta afirmação, descreva os dois movimentos executados pela Terra em relação ao Sol, que exercem influência direta sobre a vida na Terra, e explicite uma dessas influências.

MÓDULO 3

Testes

1. (UFMG) Observe o bloco-diagrama e o mapa.

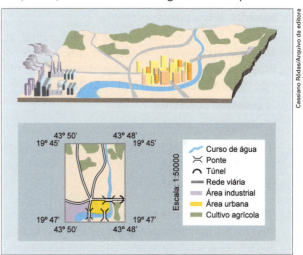

Considerando-se que a paisagem representada no bloco-diagrama e no mapa é a mesma, é incorreto afirmar que:

a) a interpretação do mapa permite constatar as variações topográficas da área retratada, em que se distinguem um relevo plano próximo ao rio e montanhoso ao norte.
b) a legenda que acompanha o mapa expressa, por meio de uma simbologia específica, os principais elementos da paisagem observados no bloco-diagrama.
c) a paisagem retratada no bloco-diagrama foi simplificada no mapa, embora possam ser observadas,

em ambos, as principais formas de aproveitamento do espaço.

d) a presença de uma rede de coordenadas geográficas, formada por meridianos e paralelos, permite a localização segura da paisagem retratada no mapa.

2. (Fuvest-SP) Observe a Carta Topográfica abaixo, que representa a área adquirida por um produtor rural.

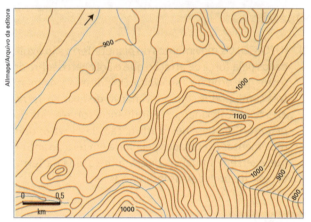

Adaptado de: IBGE, 1983.

Em parte da área acima representada, onde predominam menores declividades, o produtor rural pretende desenvolver uma atividade agrícola mecanizada. Em outra parte, com maiores declividades, esse produtor deseja plantar eucalipto.

Considerando os objetivos desse produtor rural, as áreas que apresentam, respectivamente, características mais apropriadas a uma atividade mecanizada e ao plantio de eucaliptos estão nos quadrantes

a) sudeste e nordeste.
b) nordeste e noroeste.
c) noroeste e sudeste.
d) sudeste e sudoeste.
e) sudoeste e noroeste.

3. (UFRGS-RS) Para cada tipo de representação existe uma escala numérica apropriada. Assim, os mapas podem ser divididos em três categorias básicas: escala grande, média e pequena.

Associe as escalas numéricas mais apropriadas para as finalidades dos mapas.

1. Mapas topográficos ( ) 1:50 a 1:100
2. Plantas urbanas ( ) 1:25 000 a 1:250 000
3. Planisférios ( ) 1:500 a 1:20 000
4. Plantas arquitetônicas

A sequência numérica que preenche corretamente as colunas é:

a) 4, 3, 1.
b) 4, 1, 2.
c) 2, 3, 4.
d) 4, 2, 1.
e) 3, 1, 4.

4. (UFPR) Utilizando o celular e um programa de acesso a mapas on-line, você localizou um ponto de interesse a aproximadamente 2,5 cm de distância do local onde se encontrava. Considerando que o programa indicava a escala aproximada de 1:3.000, calcule a distância a ser percorrida em linha reta até esse ponto de interesse.

a) 125 m.
b) 120 m.
c) 75 m.
d) 65 m.
e) 35 m.

5. (Unemat-MT) O professor de Geografia de Maria, que mora numa cidade do interior de Mato Grosso, solicitou que todos os alunos elaborassem uma representação do bairro onde moram.

A partir dessas informações, assinale a escala cartográfica que Maria deveria utilizar, considerando o tamanho da área a ser representada.

a) 1:100 000
b) 1:750 000
c) 1:1.500 000
d) 1:10 000
e) 1:250 000

6. (Fatec-SP) O uso das representações cartográficas está diretamente ligado à necessidade do usuário. Essa necessidade faz com que seja necessário um maior ou menor detalhamento, definido pela escala dos mapas. Considere os seguintes usuários:

A. um turista em uma grande cidade;
B. um comerciante viajando pelo estado de São Paulo;
C. um analista das áreas de plantação de soja no Brasil.

Os mapas com as escalas mais adequadas que poderão ser utilizadas são:

	A	B	C
a)	1:1 000	1:5 000 000	1:10 000
b)	1:5 000 000	1:500 000	1:2 500 000
c)	1:1 000 000	1:100 000	1:250 000
d)	1:10 000	1:1 000 000	1:5 000 000
e)	1:1 000 000	1:500 000	1:2 000 000

7. (UFU-MG)

Para a prática da ciência cartográfica é de fundamental importância a utilização de recursos técnicos, e o principal deles é a projeção cartográfica. A projeção cartográfica é definida como um traçado sistemático de linhas numa superfície plana, destinado à representação de paralelos de latitude e meridianos de longitude da Terra ou de parte dela, sendo a base para a construção dos mapas. A representação *da superfície terrestre em mapas nunca será isenta de distorções. Nesse sentido, as projeções cartográficas são desenvolvidas para minimizarem as imperfeições dos mapas e proporcionarem maior rigor científico à cartografia.*

Disponível em: <www.brasilescola.com/geografia/projecoes-cartograficas.htm>. Acesso em: 5 ago. 2014. (Fragmento.)

A primeira carta produzida sobre bases científicas da astronomia e da trigonometria foi criada por Gerardus Mercator e, não fugindo à regra, não está isenta de distorções, tais como:

a) As áreas aumentam na proporção direta da latitude; a escala não é fixa, ficando as distâncias distorcidas entre as áreas; há desproporção de áreas, apesar de os rumos serem corretos; a carta reforça o Eurocentrismo, ou seja, coloca a Europa no centro do mundo.

b) A região temperada aparece sem deformações; fora da faixa temperada, porém, as áreas aparecem bastante deformadas; contudo, os rumos são corretos; a carta reforça o Eurocentrismo, ou seja, coloca a Europa no centro do mundo.

c) As linhas retas, em qualquer direção, representam a distância mais curta entre dois pontos; as áreas são mantidas na sua real proporção, permitindo comparar fenômenos que se distribuem por área; os rumos são corretos; a carta reforça o Eurocentrismo, ou seja, coloca a Europa no centro do mundo.

d) As áreas são deformadas e também os contornos; não tem utilidade técnica, apenas ilustrativa, sendo muito usada como mapa escolar; os rumos são corretos; a carta reforça o Eurocentrismo, ou seja, coloca a Europa no centro do mundo.

8. (UFRGS-RS) A coluna da esquerda, abaixo, apresenta o nome de duas das principais projeções cartográficas; a da direita, características relacionadas a uma ou a outra dessas projeções.

Associe adequadamente a coluna da direita à da esquerda.

1. projeção de Mercator	(...) mantém as formas dos continentes
2. projeção de Peters	(...) as regiões polares aparecem muito exageradas
	(...) dá destaque ao mundo subdesenvolvido
	(...) é excelente para a navegação

A sequência correta de preenchimento dos parênteses, de cima para baixo, é

a) 1 – 1 – 1 – 2.
b) 1 – 1 – 2 – 1.
c) 2 – 1 – 2 – 1.
d) 2 – 2 – 1 – 1.
e) 2 – 2 – 1 – 2.

9. (Fuvest-SP) Analise os mapas abaixo e assinale a alternativa que indica a resolução cartográfica mais adequada para representar, com precisão, as distâncias da cidade de São Paulo em relação às várias localidades do mundo.

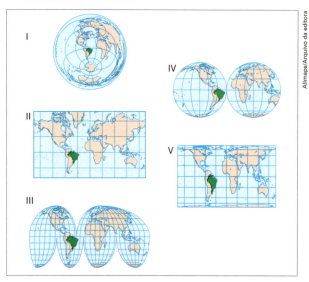

a) I – Projeção azimutal equidistante (Soukup).
b) II – Projeção cilíndrica conforme (Mercator).
c) III – Projeção equivalente interrompida (Goode).
d) IV – Projeção equivalente (com base em Mollweide).
e) V – Projeção cilíndrica equivalente (Peters).

10. (IFBA) A projeção cartográfica é a base para a elaboração dos mapas. De acordo com o mapa abaixo, é correto afirmar:

Mapa-Múndi

a) O mapa, elaborado pelo historiador alemão Arno Peters, indica uma projeção cilíndrica equivalente, que aumenta as distorções nas áreas situadas nas baixas latitudes.
b) É um mapa-múndi físico, que possui os meridianos como linhas convergentes e os paralelos como linhas retas, o que explica a centralidade do continente africano.
c) Foi concebida no século XVI pelo belga Mercator, e se caracteriza por ser uma projeção equidistante, bastante utilizada nas Grandes Navegações.

d) Trata-se de uma projeção cilíndrica, que evidencia uma visão de mundo eurocêntrica e privilegia a forma dos continentes.

e) O mapa-múndi de Peters pretende demonstrar uma visão geopolítica dos países subdesenvolvidos, pois representa um retrato mais fiel do tamanho das áreas, apesar de comprometer a forma dos continentes.

11. (UFRGS-RS) A projeção cartográfica é a representação de uma superfície esférica (a Terra) em um plano (o mapa). Por isso, todas as projeções apresentam deformações, devendo o geógrafo escolher o tipo de projeção que melhor atenda aos objetivos do mapa.

Sobre essa temática são feitas as seguintes afirmações.

I. Na eurocêntrica projeção de Mercator, os paralelos e os meridianos formam ângulos retos, o que permitiu traçar rotas de navegação em linha reta que auxiliam os grandes descobridores a incorporar novas terras.

II. A projeção de Peters reproduz bem o tamanho e o formato das áreas situadas na zona intertropical, porém exagera na representação dos continentes situados nas zonas temperadas e polares.

III. Tanto a projeção de Mercator quanto a de Peters são projeções cilíndricas, ou seja, caracterizam-se por apresentarem os paralelos e os meridianos retos e perpendiculares entre si.

Quais estão corretas?

a) Apenas I.
b) Apenas II.
c) Apenas III.
d) Apenas I e III.
e) Apenas II e III.

12. (UERJ)

Se uma imagem vale mais do que mil palavras, um mapa pode valer um milhão — mas cuidado. Todos os mapas distorcem a realidade. [...] Todos os cartógrafos procuram retratar o complexo mundo tridimensional em uma folha de papel ou em uma televisão ou tela de vídeo. Em resumo, o autor avisa, todos os mapas precisam contar mentirinhas.

MONMONIER, Mark. How to Lie with Maps. Chicago/London: The University of Chicago Press, 1996.

Observe o planisfério a seguir, considerando as ressalvas presentes no texto.

Para deslocar-se sequencialmente, sem interrupções, pelos pontos A, B, C e D, percorrendo a menor distância física possível em rotas por via aérea, as direções aproximadas a serem seguidas seriam:

a) leste – norte – oeste.
b) oeste – norte – leste.
c) leste – noroeste – leste.
d) oeste – noroeste – oeste.

13. (PUC-MG)

Quino. Ediciones de La Flor. S.R.L.

O texto faz uma importante reflexão referente ao uso ideológico das representações cartográficas. Segundo a crítica, a representação do Norte, na parte superior dos mapas, deve ser entendida num contexto histórico específico, que se relaciona:

a) ao período da geopolítica da Guerra Fria, visto que os Estados Unidos e a União Soviética passaram a ser representados na parte superior dos mapas após a Segunda Guerra Mundial.

b) a uma visão estadunidense, que no século XX impôs a representação do território dos Estados Unidos da América na parte superior.

c) a uma visão eurocêntrica, que convencionou representar o continente europeu na parte superior dos planisférios, ainda no século XVI.

d) aos interesses da OTAN (Organização do Tratado do Atlântico Norte), que, na segunda metade do século XX, impôs a representação de sua área de atuação na parte superior dos mapas.

14. (UERJ)

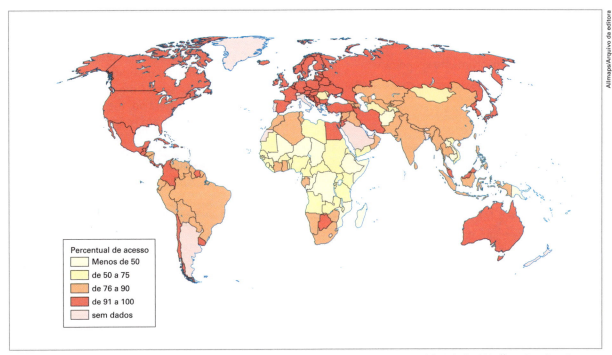

Adaptado de: <http://energiaverdepr.ning.com>.

O acesso das populações a água potável é um dos indicativos do nível de desenvolvimento e das condições de vida das sociedades no mundo contemporâneo. A associação adequada entre o espaço geográfico e dois fatores que influenciam o percentual de acesso de sua população a água potável está indicada em:

a) Austrália – alta renda *per capita* / regularidade do regime de chuvas

b) África Central – elevada mortalidade / insuficiência da bacia hidrográfica
c) América do Norte – política de inclusão social / erradicação de agentes poluentes
d) Europa Ocidental – estabilidade demográfica / qualidade dos sistemas de saneamento

15. (Cefet-MG) Observe a imagem abaixo.

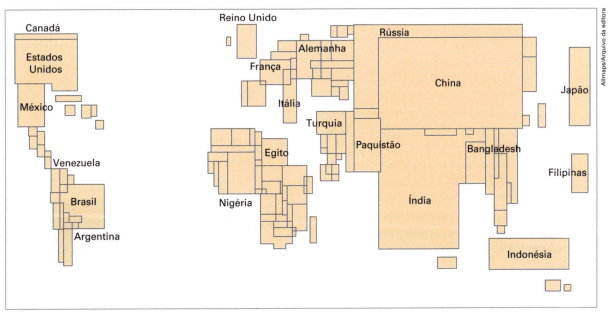

Adaptado de: SIMIELLI, Maria Elena. *Geoatlas*. São Paulo: Ática, 2009.

A partir da leitura do cartograma, é correto afirmar que a informação utilizada para sua elaboração foi a(o)

a) Índice de Desenvolvimento Humano.
b) quantitativo da população absoluta.
c) grau de desenvolvimento econômico.
d) percentual de investimento em tecnologia.

16. (ESPM) Considere o texto e a tabela para responder a questão.

São Paulo tem um dos trânsitos mais desgastantes do mundo, diz pesquisa

As condições de trânsito de São Paulo colocam a cidade entre aquelas que mais desgastam a população, de acordo com os resultados de uma pesquisa da IBM que estimou os prejuízos emocionais e econômicos provocados pelo tráfego ruim em 20 grandes centros urbanos do mundo.

Disponível em: <http://noticias.uol.com.br/internacional/ultimas-noticias/2010/07/01/sao-paulo-tem-um-dos-transitos-mais-desgastantes-do-mundo-diz-pesquisa.htm>. Acesso em: 5 ago. 2014.

Escala de 1 (menor custo) a 100 (custo máximo)

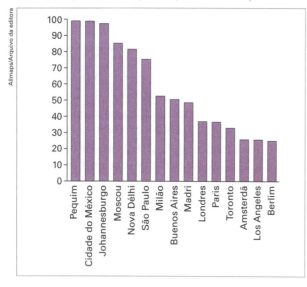

É correto afirmar que:

a) As cidades de países do Primeiro Mundo apresentam os maiores estresses de trânsito, e São Paulo já é uma delas.
b) Cidades que apresentam a mesma carência de São Paulo em metrô, como Moscou e México, explicam o cenário exposto.
c) O rodoviarismo explica a situação, pois as cidades em questão abandonaram o sistema ferroviário, agravando as condições de trânsito.
d) As cidades que apresentam as piores situações encontram-se em países emergentes e, com exceção de Moscou, apresentam deficit de transporte público.
e) As denominadas "cidades globais" são aquelas que apresentam a situação de maior desgaste com o trânsito.

MÓDULO 4

Testes

1. (Ufes) Brasília, Distrito Federal, foi uma cidade planejada que nasceu de um projeto vencedor de um concurso urbanístico. É mostrada, a seguir, uma imagem de Brasília, feita por meio do satélite LANDSAT, e uma ampliação, em mapa, do eixo monumental dessa cidade.

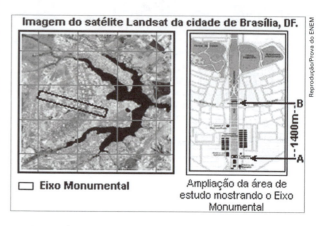

Supondo-se que a ampliação da área de estudo que mostra o eixo monumental de Brasília esteja na escala 1:20 000 e sabendo-se que a distância real entre o Congresso Nacional (A) e a rodoviária (B) é de 1400m, é **CORRETO** afirmar que a distância no mapa, em centímetros, entre o Congresso Nacional e a rodoviária, é de

a) 7.
b) 70.
c) 700.
d) 7 000.
e) 70 000.

2. (UFPB) Grande parte das cidades brasileiras sofre com problemas de inundações em períodos de chuvas intensas, ocasionando transtorno à população e grandes prejuízos econômicos e sociais. A expansão urbana desenfreada invade as planícies fluviais que são áreas naturais onde os rios, nos períodos chuvosos, acabam transbordando. Nesse contexto, observe a seguir as imagens orbitais do rio Tietê em dois trechos da região metropolitana de São Paulo.

Disponível em: <www.earth.google.com.br>. Acesso em: 14 jun. 2011.

Com base nesses mosaicos de imagens orbitais e na literatura sobre o tema, identifique as afirmativas corretas relativas ao rio Tietê, na Região Metropolitana de São Paulo:

( ) É um rio naturalmente meândrico e foi retilinizado e alargado em alguns trechos dessa região, através de obras de engenharia, para aumentar sua vazão e reduzir as enchentes.

( ) É um rio meândrico em todo seu curso nessa região, ocasionando enchentes, em períodos chuvosos, devido à sua baixa vazão e à ocupação urbana nas planícies fluviais.

( ) Foi amplamente modificado por obras de engenharia em alguns trechos dessa região, mas, ainda assim, ocorrem enchentes, em períodos de chuvas intensas, provocando transtornos à população que ocupa as planícies fluviais.

( ) Mantém ainda em suas margens mata ciliar preservada nas planícies fluviais em todo trecho dessa região, o que impede as enchentes nos períodos de precipitação intensa.

( ) Foi amplamente modificado por obras de engenharia em alguns trechos dessa região, mas essas obras não impedem a deposição de lixo no seu leito que é carreado por enxurradas em períodos chuvosos.

3. (Ufam) Nos dias atuais, os produtos cartográficos como os mapas podem ter suas informações constantemente atualizadas. Existem aparelhos como o GPS, Global Positioning System, ou Sistema de Posicionamento Global, que permitem a localização do homem, dos fenômenos geográficos e das distâncias em qualquer ponto do mundo. Estes instrumentos são direcionados por:

a) satélites.
b) submarinos.
c) sismógrafos.
d) curvímetros.
e) clinômetros.

4. (UFPR) Para orientar o deslocamento da sede do município A (latitude 25°27' S e longitude 49°32' W Gr.) para a sede do município B (situado a noroeste do município A), um aparelho de GPS automotivo apresentaria em sua tela um ponto com as seguintes coordenadas:

a) Parque Municipal L (latitude 25°21' S e longitude 49°20' W Gr.).
b) Parque Municipal X (latitude 25°26' S e longitude 50°03' W Gr.).
c) Parque Municipal Y (latitude 25°19' S e longitude 49°17' W Gr.).
d) Parque Municipal Z (latitude 25°35' S e longitude 49°37' W Gr.).
e) Parque Municipal W (latitude 25°05' S e longitude 50°10' W Gr.).

Questão

5. (Unesp-SP) Observe a figura composta a partir de diversas imagens de satélite, que mostram o mundo à noite.
A partir da figura, identifique quatro ações humanas no espaço terrestre, indicando as regiões afetadas.

Adaptado de: Al Gore. *Uma verdade inconveniente*, 2006.

MÓDULO 5

Testes

1. (UEL-PR) Leia o texto e os mapas a seguir.

   Localizado no Estreito de Sunda, na Indonésia, Kracatoa é um dos vulcões ativos mais vigiados do mundo e faz parte dos 100 alvos mais importantes monitorados pela Nasa. Antes da grande explosão, havia na região três grandes ilhas: Rakata, Denan e Perboewatan e, sobre esta última, Kracatoa erguia-se a quase 2 mil metros de altitude. Após a explosão, Denan e Perboewatan foram reduzidas a pó, enquanto Rakata teve seu flanco oriental praticamente desintegrado.

   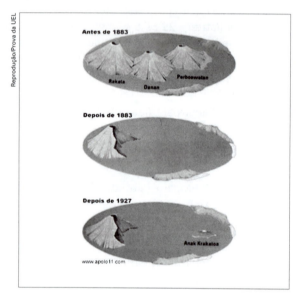

   Adaptado de: <www.apolo11.com/vulcoes.php?titulo=Satelite-da-Nasa-mostra-atividade-vulcanica-do-filho-de-kracatoa&posic=dat-20101125-0906-13.inc>. Acesso em: 11 jul. 2011.

   Com base no texto, nas figuras e nos conhecimentos sobre vulcões, considere as afirmativas a seguir.

   I. O aquecimento global, detectado no aumento da temperatura dos mares, tem intensificado a ocorrência de erupções vulcânicas.

   II. As grandes erupções remodelam o relevo, gerando solos férteis resultantes da decomposição das rochas vulcânicas.

   III. As maiores concentrações geográficas de vulcões coincidem com o "Círculo de Fogo", revelando relação entre tectonismo, vulcanismo, abalos sísmicos e *tsunamis*.

   IV. Uma erupção explosiva forma nuvens de vapor e poeira com efeitos atmosféricos e impactos socioeconômicos.

   Assinale a alternativa correta.

   a) Somente as afirmativas I e III são corretas.
   b) Somente as afirmativas I e IV são corretas.
   c) Somente as afirmativas II e III são corretas.
   d) Somente as afirmativas I, II e IV são corretas.
   e) Somente as afirmativas II, III e IV são corretas.

2. (Aman-RJ) O território brasileiro está contido na Plataforma Americana, que é uma das três grandes unidades geológicas da América do Sul. Essa Plataforma abrange três vastos escudos cristalinos.

   Assinale a alternativa que apresenta esses três escudos.

   a) das Guianas, do Parnaíba e do Paraná
   b) Atlântico, Amazônico e do Parnaíba
   c) do Paraná, Brasil Central e Amazônico
   d) Brasil Central, Atlântico e das Guianas
   e) do Parnaíba, Amazônico e do Paraná

3. (UEG-GO) A superfície da Terra não é homogênea, apresentando uma grande diversidade de desníveis, seja na crosta continental ou oceânica. No decorrer do tempo, esses desníveis sofrem alterações exercidas por forças endógenas e exógenas. Sobre o assunto, é correto afirmar:

   a) as forças endógenas como temperatura, ventos, chuvas, cobertura vegetal e ação antrópica, entre outras, modelam o relevo terrestre, dando-lhe o aspecto que apresenta hoje.

   b) aterros, desmatamentos, terraplanagens, canais e represas são exemplos da ação exógena provocada pela força das enchentes e dos *tsunamis*, independente da ação do homem.

   c) a forma inicial do relevo terrestre tem sua origem na ação de forças exógenas, enquanto o modelamento feito ao longo de milhões de anos é produto de forças endógenas que atuam na superfície.

   d) vulcanismo, terremotos e maremotos são movimentos provocados pelo tectonismo proveniente da ação das forças endógenas que também constituíram as cadeias orogênicas e os escudos cristalinos.

4. (Vunesp-SP) As quatro afirmações que se seguem serão correlacionadas aos seguintes termos: (1) vulcanismo – (2) terremoto – (3) epicentro – (4) hipocentro.

   a) *Os movimentos das placas tectônicas geram vibrações, que podem ocorrer no contato entre duas placas (caso mais frequente) ou no interior de uma delas. O ponto onde se inicia a ruptura e a liberação das tensões acumuladas é chamado de foco do tremor.*

   b) *Com o lento movimento das placas litosféricas, da ordem de alguns centímetros por ano, tensões vão se acumulando em vários pontos, principalmente perto de suas bordas. As tensões, que se acumulam lentamente, deformam as rochas; quando o limite de resistência das rochas é atingido, ocorre uma ruptura, com um deslocamento abrupto, gerando vibrações que se propagam em todas as direções.*

c) *A partir do ponto onde se inicia a ruptura, há a liberação das tensões acumuladas, que se projetam na superfície das placas tectônicas.*

d) *É a liberação espetacular do calor interno terrestre, acumulado através dos tempos, sendo considerado fonte de observação científica das entranhas da Terra, uma vez que as lavas, os gases e as cinzas fornecem novos conhecimentos de como os minerais são formados. Esse fluxo de calor, por sua vez, é o componente essencial na dinâmica de criação e destruição da crosta, tendo papel essencial, desde os primórdios da evolução geológica.*

Adaptado de: Wilson Teixeira et al. *Decifrando a Terra*. 2003.

Os termos e as afirmações estão corretamente associados em

a) 1d, 2b, 3a, 4c.
b) 1b, 2a, 3c, 4d.
c) 1c, 2d, 3b, 4a.
d) 1a, 2c, 3d, 4b.
e) 1d, 2b, 3c, 4a.

5. (UFPB) Observe o mapa que apresenta a distribuição das placas litosféricas. As setas indicam o sentido do movimento, e os números, as velocidades relativas, em cm/ano, entre as placas.

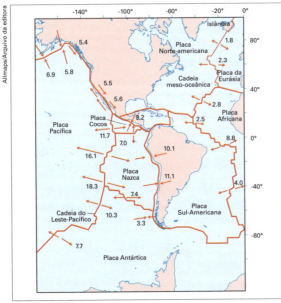

Adaptado de: TEIXEIRA, Wilson, et al. *Decifrando a Terra*. 2. ed. São Paulo: Companhia Editora Nacional, 2009. p. 86.

Devido à erupção do vulcão Eyjafjallajokull na Islândia e o consequente lançamento de toneladas de cinzas vulcânicas na atmosfera, muitos aeroportos na Europa tiveram de interromper suas atividades cancelando pousos e decolagens de aviões, o que gerou transtornos aos passageiros e enormes prejuízos às companhias aéreas.

Com relação a esse vulcão, é correto afirmar que se localiza em uma região de limites

a) divergentes e convergentes de placas litosféricas.
b) convergentes de placas litosféricas.
c) conservativos de placas litosféricas.
d) divergentes de placas litosféricas.
e) conservativos e convergentes de placas litosféricas.

6. (UERJ)

O Ministério da Saúde do Haiti informou que 4.030 pessoas morreram até 24 de janeiro de 2011, em decorrência da epidemia de cólera. A situação se agrava, pois o país ainda busca a reconstrução depois do terremoto de 12 de janeiro de 2010, que devastou a capital Porto Príncipe e outras cidades importantes.

Adaptado de: <http://operamundi.uol.com.br>. Acesso em: 5 ago. 2014.

Japão reconstrói em seis dias estrada destruída pelo terremoto de 11/03/2011. <http://uol.com.br>. Acesso em: 24 mar. 2011.

As diferenças entre a reparação dos efeitos das catástrofes ocorridas no Japão e no Haiti estão relacionadas, respectivamente, a:

a) desenvolvimento tecnológico – IDH baixo
b) mão de obra qualificada – economia de base agrícola
c) centralismo estatal – recursos internacionais escassos
d) distribuição equilibrada de renda – criminalidade elevada

7. (Unioeste-PR)

A Terra é um sistema vivo [...]. Montanhas e oceanos nascem, crescem e desaparecem, num processo dinâmico. Enquanto os vulcões e os processos orogênicos trazem novas rochas à superfície, os materiais são intemperizados e mobilizados pela ação dos ventos, das águas e das geleiras. Os

107

rios mudam seus cursos e os fenômenos climáticos alteram periodicamente as condições de vida e o balanço entre as espécies.

TAIOLI, F. e CORDANI, U. G. A Terra, a Humanidade e o Desenvolvimento Sustentável. In: TEIXEIRA, Wilson et al. (Org.). *Decifrando a Terra*. São Paulo: Oficina de Textos, 2001. p. 518.

Sobre a dinâmica interna da Terra, o tectonismo e os reflexos externos dessa dinâmica, assinale a alternativa INCORRETA.

a) Os movimentos das placas tectônicas são responsáveis pelos agentes modificadores do relevo originados do interior da Terra, como o tectonismo. A maior parte da atividade tectônica ocorre nos limites das placas, isto é, no ponto em que elas interagem.

b) O tectonismo compreende os movimentos que deslocam e deformam as rochas que constituem a crosta terrestre. Esses movimentos podem ser verticais ou epirogênicos, ocorrendo lentamente em áreas geologicamente mais estáveis e horizontais ou orogênicos, que têm pequena duração no tempo geológico e dão origem às montanhas.

c) O terremoto resulta do movimento tectônico que, quando ocorre no fundo do oceano, pode desencadear um fenômeno natural denominado *tsunami* ou maremoto. Esse tipo de movimento tectônico ocorre em regiões de contato entre as placas tectônicas que se chocam e onde as placas oceânicas mergulham sob as placas continentais.

d) O *tsunami* é uma onda gigante, associada ao deslocamento de algo sólido nos oceanos, como placas tectônicas, erupções subaquáticas ou à queda de meteoros. À medida que se aproxima da terra, com o aumento da profundidade do mar na plataforma continental, a onda perde velocidade e aumenta sua altura, invade o continente, destruindo e construindo novas formas.

e) Os movimentos orogenéticos formaram as grandes cadeias montanhosas, por meio do soerguimento de extensas partes da crosta como, por exemplo, a Cordilheira dos Andes na América do Sul.

8. (Aman-RJ) Em 27 de fevereiro de 2010, o Chile sofreu um terremoto de 8.8 graus na Escala Richter. Esse país encontra-se em uma extensa faixa da Costa Oeste da América do Sul. A causa desse e de outros terremotos deve-se ao fato de o Chile estar situado

a) na porção central da Placa Tectônica Sul-Americana, zona de constantes acomodações da litosfera.

b) na borda ocidental da Placa Tectônica Sul-Americana, junto à Cordilheira dos Andes, dobramento moderno formado por movimentos orogenéticos.

c) no limite ocidental da Placa Tectônica do Pacífico, zona de grande intensidade de movimentos orogenéticos.

d) no limite oriental da Placa Tectônica Sul-Americana, que se afasta da Placa de Nazca, formando grande falha geológica.

e) no limite ocidental da Placa Tectônica de Nazca, que se movimenta em sentido contrário ao da Placa do Pacífico, provocando epirogênese.

9. (FGV-SP) Observe a imagem da Falha de Santo André, na Califórnia (EUA).

Disponível em: <http://static.infoescola.com/wp-content/uploads/2010/04/falha-de-san-andreas.jpeg>.

A importante Falha de Santo André está relacionada

a) ao deslizamento horizontal entre as placas do Pacífico e Norte-Americana.

b) ao rebaixamento da placa de Nazca em relação à placa do Pacífico.

c) à meteorização da plataforma continental do litoral Pacífico.

d) à corrosão das rochas que formam o substrato cristalino californiano.

e) ao ravinamento das rochas resultante da semiaridez do oeste californiano.

10. (UFSM-RS) Esculturas da Terra, responsáveis pela sustentação de continentes e oceanos, as placas tectônicas formam e moldam o relevo do planeta.

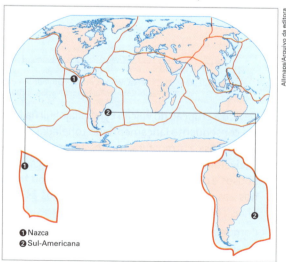

❶ Nazca
❷ Sul-Americana

Adaptado de: Revista *Geografia*, edição 3, 2011. p. 30.

Com base na ilustração e nos conhecimentos sobre as placas tectônicas, indique as alternativas verdadeiras (V) e as falsas (F).

( ) As placas tectônicas são gigantescos fragmentos que atuam como "artistas" e que, continuamente, recriam a paisagem da Terra.

( ) A configuração atual dos continentes é fruto de milhões de anos de "trabalho artístico" das placas, no processo conhecido como deriva continental.

( ) As placas de Nazca e a Sul-Americana agrupam-se e provocam a subducção da placa de Nazca: a placa Sul-Americana, por ser mais leve, desliza por cima da placa de Nazca, elevando as montanhas dos Andes.

A sequência correta é

a) V – F – F.
b) V – V – V.
c) V – F – V.
d) F – F – V.
e) F – V – F.

11. (UFSJ-MG) Observe a figura abaixo.

Disponível em: <http://marlivieira.blogspot.com/2010/12/>. Acesso em: 11 ago. 2014.

Sobre o fenômeno representado pela figura, é **CORRETO** afirmar que se trata de

a) ação de agentes exógenos responsáveis por movimentos orogenéticos que atuam sobre a crosta terrestre.

b) formação do relevo terrestre por agentes internos ocorridos predominantemente no Período Devoniano.

c) formação de cadeias montanhosas ou cordilheiras em função de movimentos verticais provocados pela divergência de placas tectônicas.

d) forças tectônicas provocando dobramentos sobre estruturas formadas por rochas magmáticas e sedimentares pouco resistentes.

12. (UFRN) Leia os fragmentos textuais a seguir:

Entre os dias 12 e 24 de outubro de 2011, foram registrados nove abalos com mais de dois pontos na escala Richter, em João Câmara-RN. O maior deles ocorreu na terça-feira (24) e atingiu magnitude 2,8 na escala Richter, a qual vai até nove. A sequência foi suficiente para deixar população e autoridades em alerta.

Adaptado de: <http://noticias.uol.com.br/cotidiano/ultimas-noticias/2011/10/30/>. Acesso em: 10 jul. 2012.

O governo do Chile pediu calma à população na madrugada desta terça-feira, 17 de abril de 2012, após um terremoto de magnitude 6,7 na escala Richter atingir o país. O tremor, ocorrido na região da cidade costeira de Valparaiso, foi seguido por um abalo secundário.

Adaptado de: <http://g1.globo.com/mundo/noticia/2012/04/apos-terremoto-governo-chileno-pede-calma-e-diz-que-nao-ha-feridos.html>. Acesso em: 5 ago. 2014.

Em relação à ocorrência de terremotos e considerando os dois casos referidos nos fragmentos textuais, é correto afirmar:

a) Há uma reduzida predisposição à ocorrência desse fenômeno no Brasil devido à sua localização em uma área de encontro de placas tectônicas.

b) Há uma elevada predisposição para a ocorrência desse fenômeno no Chile devido à sua localização próxima a uma área de encontro de placas tectônicas.

c) No Brasil, esse fenômeno apresenta baixas magnitudes em decorrência da predominância do relevo de planalto.

d) No Chile, esse fenômeno apresenta elevadas magnitudes em decorrência da predominância do relevo de planície.

13. (UPE) O desenho esquemático a seguir mostra uma paisagem hipotética.

Observe-o atentamente e depois assinale a afirmativa **CORRETA** sobre os aspectos geográficos nele identificados.

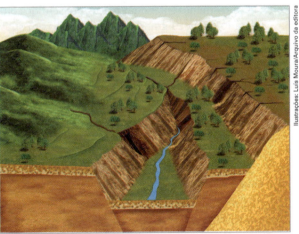

a) A paisagem, durante o Quaternário, sofreu a atuação do tectonismo plástico que provocou a formação de terraços fluviais.

b) Existe uma expressiva homogeneidade da litomassa, e esse fato refletiu-se consideravelmente nas morfoesculturas que surgem na paisagem.

c) Os terraços fluviais foram desnivelados por interferências de um tectonismo ruptural moderno, ocorrido na área examinada.

d) O vale fluvial observado é do tipo glacial e surge, com frequência, em áreas de altas latitudes, onde os rios desempenham um papel geomorfológico de destaque.

e) A paisagem não sofreu os processos de erosão linear, porque não ocorreram ações antrópicas na área, capazes de desequilibrar o geossistema local.

14. (UEG-GO) As rochas metamórficas são aquelas que resultam da transformação (metamorfização), em condições de pressão e temperaturas elevadas, de rochas preexistentes. São exemplos desse tipo de rocha:

a) ardósia e mármore.
b) basalto e micaxisto.
c) gnaisse e calcário.
d) granito e arenito.

15. (UFRGS-RS) Assinale com V (verdadeiro) e F (falso) as afirmações abaixo, referentes à dinâmica das placas litosféricas.

( ) A primeira teoria a defender que a crosta terrestre é uma camada composta de fragmentos móveis e, não, uma camada rígida inteiriça de rochas ficou conhecida como Teoria do Ciclo Geográfico.

( ) O afastamento ou a colisão entre placas litosféricas é um movimento muito lento, que ocorre a uma velocidade média de dois a três centímetros por ano.

( ) O deslocamento das placas litosféricas é decorrente de forças endógenas do planeta, geradas pelas correntes de convecção no interior do manto terrestre.

( ) O movimento entre duas placas, em sentido contrário, provoca grandes dobramentos em suas bordas de contato, devido ao fenômeno de subducção.

A sequência correta de preenchimento dos parênteses, de cima para baixo, é

a) V – F – F – V.
b) F – V – V – F.
c) V – F – F – F.
d) F – F – V – V.
e) F – V – F – F.

16. (Feevale-RS)

As cinzas do vulcão chileno Puyehue voltaram a atrapalhar o espaço aéreo argentino, obrigando as companhias aéreas LAN Argentina, Aerolíneas Argentinas e Austral a cancelarem dezenas de voos programados para decolar do aeroporto de Ezeiza, em Buenos Aires, nesta terça-feira (26). No Uruguai, pelo menos 15 voos também foram cancelados devido às cinzas.

Disponível em: <http://noticias.uol.com.br/ultimas-noticias/internacional/2011/07/26/cinzas-do-vulcao-chileno-voltam-a-cancelar-voos-na-argentina.htm>. Acesso em: 5 ago. 2014.

A questão envolvendo o vulcão chileno reacendeu a discussão sobre os riscos da região da Cordilheira dos Andes, especialmente pela existência de vulcões e terremotos, que ocorrem em função de essa região estar em área de choque de:

a) placas tectônicas.
b) massas de ar.
c) montanhas.
d) correntes marítimas.
e) rochas.

17. (FGV-RJ) Sobre a formação geológica do território brasileiro, assinale a alternativa correta:

a) O Brasil não apresenta dobramentos modernos, mas apresenta vestígios de antigos dobramentos do Pré-Cambriano.

b) As províncias Mantiqueira, Borborema e Tocantins resultam de processos orogenéticos ocorridos no Cenozoico.

c) As camadas rochosas da bacia sedimentar do Paraná atestam a ocorrência de extensos derrames vulcânicos durante o Pré-Cambriano.

d) As províncias Guiana Meridional, Xingu e São Francisco figuram entre as principais bacias sedimentares brasileiras.

e) A Serra do Mar foi formada pelo ciclo orogenético ocorrido no Quaternário.

18. (UFPE) Observe atentamente a paisagem costeira que se encontra na fotografia a seguir.

Sobre ambientes como esse, é correto afirmar que:

( ) a descrição e o estudo dessas áreas têm revelado muitos capítulos da história geológica do Quaternário no nosso planeta; elas guardam registros importantes de uma evolução recente.

( ) a ação das ondas e das correntes litorâneas, processos que estão intimamente ligados aos fenômenos tectônicos, independentes, assim, das condições climáticas ambientais, provocam erosão e deposição no litoral.

( ) na paisagem não há indicadores de uma erosão marinha e, sim, dos fenômenos tectônicos que aconteceram no pré-cambriano; a linha de costa confirma esse fato.

( ) nas áreas de promontórios ou cabos há uma concentração da energia que acompanha o fluxo das ondas; são áreas mais sujeitas aos processos de erosão marinha.

( ) essa paisagem apresenta fortes indicadores de que se trata de uma costa de fiordes, caracterizada pelos intensos processos de deposição provocados pelas pretéritas ações glaciais e pelas atuais ações eólicas.

19. (UPE) Os processos geomorfológicos internos ou exógenos deixam sempre impressas, nas paisagens, as marcas de sua atuação. Eles desenvolvem, inclusive, um conjunto de feições de relevo característico. Esse fato reveste-se de uma particular importância, quando o pesquisador de áreas como Biologia, Geografia, Geologia etc. volta-se à análise de ambientes pretéritos. Com relação a esse assunto, observe, atentamente, a fotografia reproduzida a seguir e assinale, com base nas evidências morfológicas, o processo responsável pela elaboração da paisagem visualizada em primeiro plano.

a) Erosão eólica.
b) Erosão glacial.
c) Tectonismo ruptural.
d) Neotectonismo plástico.
e) Sedimentação fluvial.

20. (UFRGS-RS) A combinação de chuvas fortes com moradias inseguras já tornou rotineiras as tragédias nas grandes cidades brasileiras. Os deslizamentos nas encostas, muitas vezes responsáveis por tais tragédias, são condicionados por fatores geomorfológicos, entre outros.

Considere os seguintes fatores geomorfológicos.

1. declividade e forma da encosta
2. relevo com porções côncavas na convergência dos fluxos de água
3. relevo com porções convexas na divergência dos fluxos de água

Quais estão relacionados aos deslizamentos das encostas?

a) Apenas 1.
b) Apenas 2.
c) Apenas 3.
d) Apenas 1 e 2.
e) Apenas 1 e 3.

21. (Unifesp-SP) Observe o mapa.

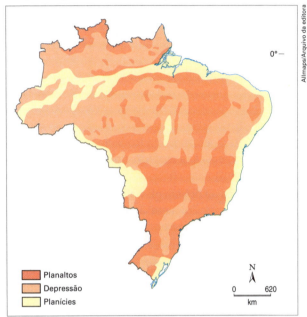

Adaptado de: ROSS, 2000.

Assinale a alternativa que contém as formas de relevo predominantes em cada porção do território brasileiro indicada, de acordo com a classificação de Ross.

a) Faixa litorânea: depressões.
b) Amazônia Legal: planícies.
c) Fronteira com o Mercosul: planaltos.
d) Região Sul: planícies.
e) Pantanal: planaltos.

22. (UFG-GO) Leia o poema a seguir.

A pedra

*O vento vinha e ficava brincando com a pedra.
Depois o vento ia embora.
Vinha a chuva e ficava brincando com a pedra.
Era como um dilúvio.
Depois a chuva ia embora.
Vinha o sol. Uma rosa vermelha.
Cobria a pedra com o seu manto dourado.
Cobria a pedra de carinho e dor.
Em seu âmago, como se um abismo estrelado,
a pedra perdia-se em quietude e delírio.
Passavam-se os dias e os anos.
A pedra vinha perdendo todo o seu brilho.
A pedra vinha ficando verde.*

111

O seu ardente sonho de voar era ruína.
Depois a pedra não sonhava mais.
A pedra ficava sozinha.

GARCIA, José Godoy. *Poesias.* Brasília: Thessaurus, 1999. p. 49.

No texto, o autor faz uma descrição poética de um processo natural, diretamente relacionado à alteração das rochas na superfície terrestre. Interpretando-se os versos em sua sequência, evidencia-se a referência

a) à erosão de origem eólica; à erosão de origem pluvial; ao intemperismo físico; e ao intemperismo químico-biológico.

b) ao intemperismo químico de origem pluvial; ao intemperismo físico; à erosão de origem eólica; e ao intemperismo químico-biológico.

c) ao intemperismo físico; ao intemperismo químico-biológico; ao intemperismo físico; e à erosão de origem pluvial.

d) ao intemperismo químico-biológico; à erosão de origem eólica; à erosão de origem pluvial; ao intemperismo físico.

e) à erosão de origem pluvial; ao intemperismo químico-biológico; à erosão de origem eólica; e ao intemperismo físico.

23. (PUC-MG) O território brasileiro apresenta formas diversificadas de relevo. Identifique a forma de relevo representada na figura a seguir e assinale a opção **CORRETA**.

Fonte: MOREIRA & SENE, 2008.

a) Chapada
b) Mar de Morro
c) Serra
d) Depressão

24. (Unemat-MT) Segundo Ross (1995), o relevo brasileiro apresenta grande variedade morfológica, decorrente, principalmente, da ação de agentes externos, sobre os agentes internos.

Os agentes externos que mais participam da formação do relevo são:

a) abalos sísmicos e vulcões.
b) as erupções vulcânicas do passado e os raios solares.
c) a erosão e umidade.
d) o clima (temperatura, ventos, chuvas) e os rios.
e) as intempéries e a ação antrópica.

Questões

25. (Fuvest-SP)

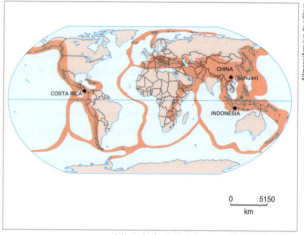

Adaptado de: IBGE. *Atlas geográfico escolar*, 2009.

Em maio de 2008, um terremoto, de 7,8 graus na escala Richter, atingiu severamente a Província de Sichuan (China), matando milhares de pessoas. Em janeiro de 2009, um tremor de terra, de 6,2 graus, atingiu a Costa Rica, causando prejuízos materiais, além de ceifar vidas.

Em setembro de 2009, tremores de terra, de 7,6 graus, atingiram a Indonésia, provocando mortes e danos materiais.

Considerando o mapa, os fatos acima citados e seus conhecimentos, responda:

a) Quais os principais fatores que geram atividades sísmicas no planeta?

b) Por que, no Brasil, as atividades sísmicas são, predominantemente, de baixa intensidade?

26. (UEG-GO) O relevo terrestre evolui em consequência da atuação de processos internos e externos. Com base nessa afirmação, cite e explique a dinâmica de um processo (agente) interno e outro externo na modelagem do relevo.

MÓDULO 6

Testes

1. (Unimontes-MG) Sobre os tipos de solos e suas características, assinale a alternativa **INCORRETA**.

a) Os solos aluviais formam-se por acúmulo de sedimentos e partículas, transportados a grandes distâncias pela força das águas e dos ventos.

b) O solo muito arenoso apresenta alto teor de matéria orgânica e grande capacidade de retenção de água, sendo, assim, muito fértil.

c) Os solos mais escuros são os de mais alto valor para a agricultura, pois apresentam grande quantidade de matéria orgânica.

d) O processo de formação do solo, a partir de uma rocha matriz, é um processo lento e depende da ação de elementos naturais como o clima.

2. (UFSJ-MG) Observe a imagem abaixo.

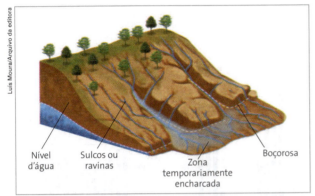

TEIXEIRA, W. et al. (Org.). *Decifrando a Terra*. São Paulo: Companhia Editora Nacional, 2009.

Tendo como ponto de partida a imagem, assinale a alternativa que apresenta uma consequência para o meio ambiente provocada pelas boçorocas ou voçorocas.

a) Assoreamento de rios e lagos.
b) Elevação do lençol freático.
c) Retirada integral da cobertura vegetal.
d) Diminuição do escoamento superficial da água.

3. (Unicamp-SP) Ao considerar a influência da infiltração da água no solo e o escoamento superficial em topos e encostas, é correto afirmar que

a) a maior infiltração e o menor escoamento superficial retardam o processo de intemperismo físico e aceleram a erosão.

b) a menor infiltração e o menor escoamento superficial inibem a erosão e favorecem o intemperismo químico.

c) a menor infiltração e o maior escoamento superficial aceleram o intemperismo físico e químico e retardam o processo de erosão.

d) a infiltração e o escoamento superficial aceleram, respectivamente, os processos de intemperismo químico e de erosão.

4. (UFMG) Analise esta sequência de figuras, em que está representada a formação do solo ao longo do tempo geológico, sabendo que as divisões que aparecem em cada figura e na legenda representam as etapas dessa evolução:

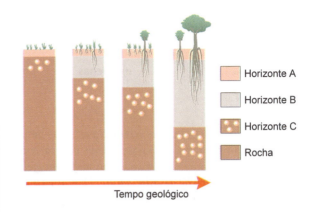

Adaptado de: SCHAETZL, R. J.; ANDERSON, S. *Soils: Genesis and geomorphology*. Cambridge: University Press, 2005. p. 369.

A partir dessa análise, é **INCORRETO** afirmar que essa sequência de figuras sugere que:

a) a evolução e o aumento da espessura do solo estão condicionados à escala do tempo geológico.

b) o crescimento aéreo e subterrâneo da vegetação é inversamente proporcional ao desenvolvimento do solo.

c) o desenvolvimento do solo, ao longo do tempo, resulta na sua diferenciação em horizontes.

d) o material inorgânico presente no solo resulta de alterações ocorridas na rocha.

5. (UFRGS-RS) Assinale a alternativa que preenche corretamente as lacunas do texto a seguir, na ordem em que aparecem:

Nas áreas de declividade acentuada, os solos são mais ***** porque a ***** velocidade de escoamento das águas ***** a infiltração; assim, a água fica pouco tempo em contato com as rochas, ***** a intensidade do intemperismo.

a) profundos – alta – aumenta – diminuindo.
b) rasos – alta – aumenta – aumentando.
c) profundos – baixa – diminui – diminuindo.
d) rasos – alta – diminui – diminuindo.
e) profundos – baixa – aumenta – aumentando.

6. (UFRGS-RS) A combinação de chuvas fortes com moradias inseguras já tornou rotineiras as tragédias nas grandes cidades brasileiras. Os deslizamentos nas encostas, muitas vezes responsáveis por tais tragédias, são condicionados por fatores geomorfológicos, entre outros.

Considere os seguintes fatores geomorfológicos.

1. declividade e forma da encosta
2. relevo com porções côncavas na convergência dos fluxos de água
3. relevo com porções convexas na divergência dos fluxos de água

113

Quais estão relacionados aos deslizamentos das encostas?

a) Apenas 1.
b) Apenas 2.
c) Apenas 3.
d) Apenas 1 e 2.
e) Apenas 1 e 3.

7. (Unicamp-SP)

Segundo a base de dados internacional sobre desastres, da Universidade Católica de Louvain, Bélgica, entre 2000 e 2007, mais de 1,5 milhão de pessoas foram afetadas por algum tipo de desastre natural no Brasil. Os dados também mostram que, no mesmo período, ocorreram no país cerca de 36 grandes episódios de desastres naturais, com prejuízo econômico estimado em mais de US$ 2,5 bilhões.

Adaptado de: MAFFRA, C. Q. T.; MAZZOLA, M. Vulnerabilidade ambiental: desastres naturais ou fenômenos induzidos?. In: *Vulnerabilidade ambiental*. Brasília: Ministério do Meio Ambiente, 2007. p. 10.

É possível considerar que, no território nacional,

a) os desastres naturais estão associados diretamente a episódios de origem tectônica.
b) apenas a ação climática é o fator que justifica a marcante ocorrência dos desastres naturais.
c) a concentração das chuvas e os processos tectônicos associados são responsáveis pelos desastres naturais.
d) os desastres estão associados a fenômenos climáticos potencializados pela ação antrópica.

Questão

8. (UFTM-MG)

O Centro Nacional de Pesquisa de Solos da Empresa Brasileira de Pesquisa Agropecuária (Embrapa) calculou, em 2002, com base nas médias por hectare e na área ocupada pela agropecuária no país, perdas anuais de 751,6 milhões de toneladas de solos em lavouras e de 71,1 milhões de toneladas em pastagens.

Ciência Hoje, julho de 2010.

a) Identifique o fenômeno responsável pela perda dos solos.
b) Descreva-o, considerando as interações entre os vários elementos (inclusive humanos) que compõem o meio ambiente.

MÓDULO 7

Testes

1. (UPF-RS) Os tipos de clima no Brasil são definidos com base em critérios variados, mas, sobretudo, com base na quantidade de chuva e temperatura média no decorrer do ano. Observando os climogramas referentes a localidades do território brasileiro, são possíveis as seguintes conclusões:

I. A localidade **A** demonstra um clima em que o inverno e o verão são estações bem marcadas pela diferença de pluviosidade.
II. A localidade **A** caracteriza o clima tropical e a localidade **B**, o clima subtropical.
III. Na localidade **B** a quantidade de chuva e a temperatura não variam muito ao longo do ano, e na localidade **A**, observa-se que o verão é bastante chuvoso e há seca no inverno.

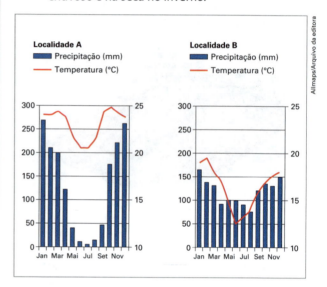

São corretas:

a) I, II e III.
b) I e II.
c) II e III.
d) Nenhuma das alternativas está correta.
e) I e III.

2. (UFPR) O estudo dos climas compõe um importante capítulo da ciência, e seu conhecimento é de suma importância para a organização e desenvolvimento das sociedades humanas. Os climas da Terra expressam, devido às suas diferenças, aspectos geográficos particulares. Nesse sentido, é correto afirmar:

a) Os elementos do clima (temperatura, umidade e pressão atmosférica) apresentam diferenciações espaciais devido à influência dos fatores geográficos (latitude, longitude, altitude e maritimidade).
b) Os climas da Terra são definidos tanto por fatores astronômicos quanto por fatores estáticos, como as mudanças climáticas globais, dentro das quais sobressaem-se eventos catastróficos, como os *tsunamis*.
c) A circulação atmosférica da Terra é definida pela atuação das massas de ar, cuja dinâmica é controlada pela atuação do El Niño e do La Niña, eventos que resultam, respectivamente, do menor e do maior fluxo de calor nas águas do Oceano Pacífico.

d) A diferenciação geográfica dos climas da Terra decorre da interação entre os elementos e fatores geográficos do clima, tanto estáticos quanto dinâmicos. As mudanças climáticas globais indicam alterações nos climas do planeta, em escala secular (temporal) e global (geográfica), embora seja no âmbito das áreas urbano-industriais que os efeitos das atividades humanas sobre o clima sejam mais perceptíveis.

e) Os climas do Brasil apresentam, em sua totalidade, aspectos flagrantes de tropicalidade, expressos nas elevadas amplitudes térmicas diárias e sazonais, notadamente na porção mais ao norte do país. Nessa região – Domínio Amazônico –, na qual são registrados os mais fortes contrastes térmicos e pluviométricos do território nacional, a exuberância da floresta e o expressivo caudal dos rios atestam essa característica climática.

3. (UEPG-PR) Com relação aos climas do Brasil, massas de ar e frentes, assinale o que for correto.
(01) Com a maior parte de seu território na zona intertropical, os climas do Brasil são controlados sobretudo pelo sistema dos ventos alísios, que dão origem às massas de ar equatoriais e tropicais.
(02) As altas pressões polares no inverno, ao se deslocarem para o norte sobre a porção sul da América do Sul, atingem frequentemente o Brasil Meridional, formando as frentes frias, podendo atingir com menor intensidade os estados do sudeste e, muitas vezes, até a zona equatorial.
(04) A "friagem" é um fenômeno climático característico e frequente da Amazônia Oriental (Pará e Amapá).
(08) O clima subtropical úmido é controlado por massas de ar tropicais e polares.
(16) Os climas equatorial úmido, litorâneo úmido, tropical e tropical semiárido são controlados por massas de ar equatoriais e tropicais.

4. (UFRGS-RS) Assinale a alternativa que preenche corretamente as lacunas do enunciado abaixo, na ordem em que aparecem.
Nos meses de inverno, no Brasil, é frequente a ocorrência de ***** no sul, ***** no centro-oeste e ***** no sudeste.
a) geada — seca — inversão térmica
b) neve — chuvas frontais — inundação
c) chuvas convectivas — inundação — inversão térmica
d) geada — chuvas frontais — inundação
e) chuvas convectivas — seca — neve

5. (UEG-GO) A respeito dos grandes tipos climáticos do Brasil e suas características, é correto afirmar:

a) Equatorial: caracterizado por baixas temperaturas e chuvas abundantes o ano todo, ocorrendo no Norte do país.
b) Subtropical: registra as maiores quedas de temperatura no inverno e apresenta verões quentes, proporcionando as maiores amplitudes térmicas.
c) Tropical: clima quente, com duas estações marcantes, sendo o inverno frio e chuvoso e o verão quente e seco.
d) Tropical Úmido: clima quente, apresenta chuvas menos frequentes no inverno, ocorrendo em todo o litoral leste do Brasil.

6. (UPE) Observe atentamente o mapa a seguir.

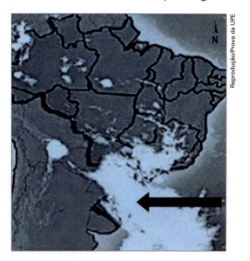

Sobre o sistema atmosférico indicado pela seta, todas as alternativas estão corretas, exceto:
a) O sistema pode provocar temporais, ventania, decréscimo na temperatura e até queda de granizo na Região Sul do Brasil.
b) Ele resulta do encontro de uma massa de ar de origem polar com uma massa de ar tropical. Trata-se, portanto, de uma superfície de descontinuidade.
c) O avanço desse sistema acarreta chuvas, às vezes, abundantes, de caráter frontológico em diversas áreas do país.
d) O regime de chuvas de outono-inverno verificado na parte oriental do Nordeste brasileiro é, em parte, determinado pelo avanço desse sistema.
e) As chuvas convectivas que ocorrem durante o verão austral na Amazônia e no Brasil Central são determinadas pelo avanço desse sistema, quando este consegue transpor a barreira orográfica da Serra do Mar e da Mantiqueira.

7. (Udesc-SC) Os três principais tipos de chuva são: 1) chuva frontal, 2) chuva de relevo ou orográfica, e 3) chuva de convecção ou chuva de verão. Analise as proposições sobre os tipos de chuva.

I. As chuvas orográficas ocorrem em alguns lugares do planeta onde barreiras de relevo obrigam as massas de ar a atingir altitudes superiores, o que causa queda de temperatura e condensação do vapor.

II. Chuvas de convecção ocorrem quando o ar quente próximo à superfície fica leve e sobe para as camadas superiores da atmosfera, carregando umidade. Ao atingir altitudes superiores, a temperatura diminui e o vapor se condensa em gotículas pequenas que permanecem em suspensão. Esse processo se repete até formar nuvens muito grandes, que se precipitam no final do dia.

III. A chuva frontal acontece na zona de contato entre duas massas de ar (frente) de características diferentes (uma fria e outra quente), onde ocorrem a condensação do vapor e a precipitação da água.

IV. As chuvas de relevo costumam ser intermitentes e finas e são muito comuns nas regiões Nordeste e Sudeste do Brasil, onde as serras e chapadas dificultam a penetração, para o interior do continente, das massas úmidas de ar provenientes do oceano Atlântico.

V. Chuvas de convecção são aquelas que ocorrem em dias quentes.

Assinale a alternativa correta.

a) Somente as afirmativas I e V são verdadeiras.
b) Somente as afirmativas I, III e IV são verdadeiras.
c) Somente as afirmativas II e IV são verdadeiras.
d) Somente a afirmativa V é verdadeira.
e) Todas as afirmativas são verdadeiras.

8. (PUC-SP) Observe o gráfico:

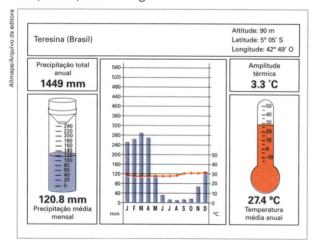

Disponível em: <www.educaplus.org/climatic/cmg_db.php?estacion=825780>. Acesso em: 28 maio 2012.

Você examinou o climograma da cidade de Teresina. Ele retrata algumas características climáticas da área e sobre elas pode-se afirmar que

a) o climograma mostra uma variação nas precipitações, com estação seca marcada, que é típico das localidades nessa latitude.
b) a estação chuvosa marcada e a estabilidade nos níveis de temperaturas correspondem à entrada de massas quentes e úmidas em Teresina.
c) temperaturas altas e constantes, média precipitação anual correspondem a um clima tropical e seco, devido, entre outros motivos, à continentalidade.
d) climas com boa variação nas médias térmicas mensais, como mostra o climograma, são típicos de localidades nessa faixa de latitude.
e) trata-se de um clima tropical úmido, o que fica marcado por uma estação chuvosa e uma estação seca não muito acentuada.

9. (Unicamp-SP) Observe o esquema abaixo, que indica a circulação atmosférica sobre a superfície terrestre, e indique a alternativa correta.

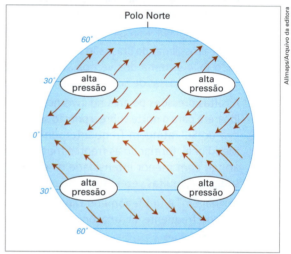

a) Os ventos alísios dirigem-se das áreas tropicais para as equatoriais, em sentido horário no hemisfério norte e anti-horário no hemisfério sul, graças à ação da Força de Coriolis, associada à movimentação da Terra.
b) Os ventos alísios dirigem-se das áreas de alta pressão, características dos trópicos, em direção às áreas de baixa pressão, próximas ao Equador, movimentando-se em sentido anti-horário no hemisfério norte e em sentido horário no hemisfério sul.
c) Os ventos contra-alísios dirigem-se dos trópicos em direção ao Equador, movimentando-se em sentido horário no hemisfério norte e anti-horário no hemisfério sul, graças à ação da Força de Coriolis.
d) Os ventos contra-alísios dirigem-se da área tropical em direção aos polos, provocando quedas bruscas de temperatura e eventualmente queda de neve, movimentando-se em sentido anti-horário no hemisfério sul e em sentido horário no hemisfério norte.

10. (Fatec-SP) Observe o mapa para responder à questão.

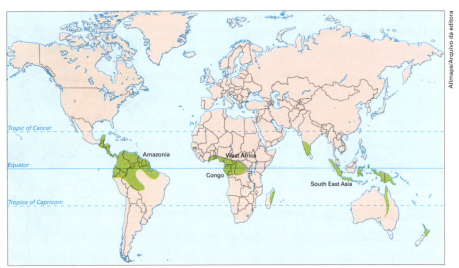

Adaptado de: <http://teachers.guardian.co.uk/Guardian_RootRepository/Saras/ContentPackaging/UploadRepository/learnpremium/Lesson/learnpremium/Science~00/edenproject/lessons/plant2/rainforest_6761.gif>. Acesso em: 14 maio 2012.

As áreas destacadas no mapa indicam regiões

a) subtropicais que têm invernos úmidos e verões brandos; vegetação florestal, predomínio de terras baixas e rios perenes.

b) tropicais que têm verões quentes e chuvosos; invernos pouco pronunciados; vegetação florestal e rede hidrográfica perene.

c) desérticas que têm clima com elevadas amplitudes térmicas; ausência de precipitações; vegetação xerófita e solos rasos.

d) mediterrâneas que têm as estações bem definidas; vegetação de savanas e estepes, relevo de planícies e rios caudalosos.

e) semiáridas que têm climas com altas temperaturas e fracas precipitações, vegetação estépica e hidrografia intermitente.

11. (UFRGS-RS) Observe o mapa abaixo.

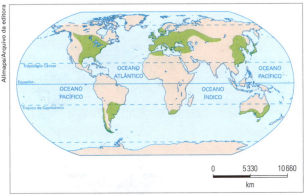

VESENTINI, W. *Geografia geral e do Brasil*. São Paulo: Ática, 2005. p. 356.

Em relação às áreas sombreadas do mapa, são feitas as seguintes afirmações.

I. Essas áreas apresentam clima temperado continental com alta amplitude térmica diária.

II. Nelas, as alterações antrópicas no meio natural são contínuas, e, por isso, a vegetação (taiga, pradaria, mediterrânea, campos, etc.) raramente é encontrada em sua forma original.

III. Nelas, ocorre confronto de massas de ar entre frentes frias, oriundas das massas polares continentais ou marítimas, e frentes quentes, originárias de massas tropicais, continentais ou marítimas.

Quais estão corretas?

a) Apenas I.   c) Apenas I e II.   e) I, II e III.
b) Apenas II. d) Apenas II e III.

12. (Unicamp-SP) No período das grandes navegações, os marinheiros enfrentavam sérios problemas quando as caravelas entravam em zonas de calmaria. Em relação ao tema, pode-se afirmar que:

a) As caravelas possuíam estoque alimentar suficiente para permanecer vários meses estacionadas, para o caso de entrarem inadvertidamente em áreas de calmaria, que correspondem a porções de baixa pressão atmosférica.

b) As áreas de calmaria correspondiam a porções de alta pressão atmosférica, típicas das latitudes próximas aos trópicos e, consequentemente, as caravelas permaneciam estacionadas, agravando as condições de vida dos marinheiros.

c) O oceano era conhecido como Mar Tenebroso, em razão da crença na existência de monstros marinhos, mesmo sabendo-se que o mar era seguro nas áreas de calmaria das porções equatoriais.

d) A viagem atrasava meses quando se atingia uma área de calmaria, pois as células de alta pressão não se deslocam ao longo do ano, o que causava problemas de desabastecimento e doenças temidas pelos navegadores, como o escorbuto.

117

13. (UFPA) Os gráficos apresentados foram elaborados pelo Instituto Nacional de Meteorologia (INMET) e representam as diferentes situações climáticas em duas capitais brasileiras, Belém (PA) e Teresina (PI).

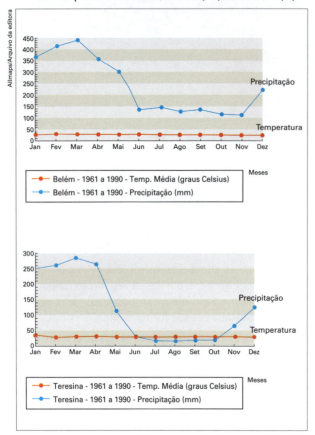

Considerando o conhecimento acerca desse assunto e interpretando as informações apresentadas, indique qual das alternativas corresponde à análise correta sobre os gráficos.

a) As cidades de Belém e Teresina encontram-se em mesma longitude, portanto não apresentam diferenças significativas nos valores de temperatura durante o ano.

b) Mesmo localizadas na zona intertropical, as duas cidades analisadas apresentam comportamento diferenciado quanto ao regime das chuvas, uma vez que a estação climática do inverno de Teresina é mais seca que a de Belém.

c) A altitude é um fator determinante nos valores de precipitação; isso explica a redução da quantidade de chuvas entre os meses de junho a outubro nas duas cidades analisadas, localizadas na região costeira do país.

d) Constata-se no gráfico que a amplitude térmica anual para Belém e Teresina é grande em virtude da proximidade ao Equador.

e) Na estação climática do verão, tanto para Belém como para Teresina, observam-se temperaturas mais elevadas e baixo nível de precipitação.

14. (Udesc-SC) Observe o mapa a seguir.

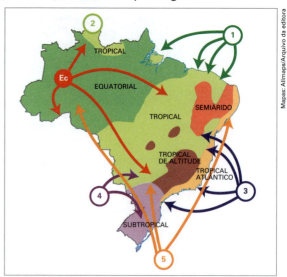

Analise as proposições sobre as massas de ar que atuam no Brasil, representadas no mapa pelos números arábicos.

I. O número 1 representa a Massa Equatorial Atlântica.

II. O número 2 representa a Massa Equatorial Amazônica.

III. O número 3 representa a Massa Tropical Atlântica.

IV. O número 4 representa a Massa Tropical Continental.

V. O número 5 representa a Massa Polar Atlântica.

Assinale a alternativa **CORRETA**.

a) Somente as afirmativas I, III, IV e V são verdadeiras.
b) Somente as afirmativas I, II e V são verdadeiras.
c) Somente as afirmativas I, II e III são verdadeiras.
d) Somente as afirmativas IV e V são verdadeiras.
e) Todas as afirmativas são verdadeiras.

15. (UFRGS-RS) Observe o mapa de climas do Brasil e os três climogramas que seguem.

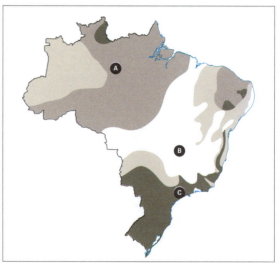

IBGE.

118

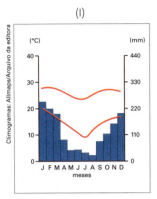
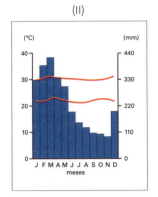
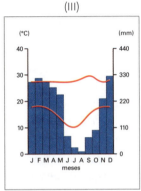

Assinale a correspondência correta entre as localidades **A**, **B** e **C** assinaladas no mapa e os climogramas **I**, **II** e **III**.

a) A (I) – B (II) – C (III)
b) A (II) – B (III) – C (I)
c) A (III) – B (I) – C (II)
d) A (II) – B (I) – C (III)
e) A (III) – B (II) – C (I)

Questão

16. (Vunesp-SP) No mapa estão indicadas as principais correntes marítimas.

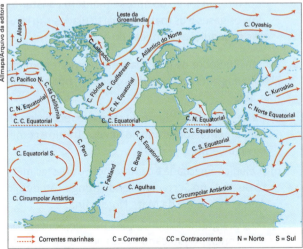

Adaptado de: TEIXEIRA, Wilson. *Decifrando a Terra*, 2009.

Explique a influência da Corrente do Golfo no Atlântico Norte sobre a Europa Ocidental, e destaque os motivos das cidades de Londres e Paris terem invernos mais amenos do que Montreal e Nova Iorque.

MÓDULO 8

Testes

1. (PUC-PR)

   Segundo um estudo publicado pelo Centro Hadley, do Departamento Meteorológico da Grã-Bretanha, a temperatura global deve subir 4 °C até meados de 2050, caso sejam mantidas as atuais tendências de emissões de gases do efeito estufa.
   Folha de S.Paulo, 28/09/2009.

   Avalie as assertivas a seguir e marque a alternativa **CORRETA**:

   I. Se parte da Amazônia morrer por causa de uma seca, isso exporá o solo e liberará mais carbono, o que pode contribuir com o aquecimento da Terra. Esse efeito é chamado de ciclo do carbono.
   II. O degelo da calota polar proporcionará, à luz do sol, uma maior superfície de água escura, que absorverá mais radiação e provocará efeitos ainda mais descontrolados sobre o clima global.
   III. A neve do Kilimanjaro (maciço vulcânico localizado na Tanzânia no continente africano) está se reduzindo a cada ano. Esse degelo é causado pelo aquecimento global, pois a camada de CO_2 impede que parte da radiação solar que chega à Terra volte ao espaço e se disperse.
   IV. A energia utilizada pelas indústrias do mundo não é limpa. 85% do que elas consomem está relacionado à queima de combustíveis fósseis como o carvão mineral. No entanto, essa queima já é retirada do ar por uma tecnologia chamada CCS (sigla em inglês para "captura e armazenamento do carbono"), o que reduz em 10% os índices de poluição lançados pela indústria mundial. Essa tecnologia é protagonista, como agente inibidor, do aquecimento global.

   a) Apenas as assertivas I, II e III estão corretas.
   b) Apenas as assertivas I e II estão corretas.
   c) Apenas a assertiva I está correta.
   d) Todas as assertivas estão corretas.
   e) Apenas a assertiva II está correta.

2. (FGV-SP) A questão está relacionada à figura a seguir:

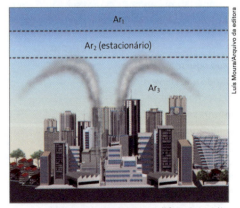

Adaptado de: Demétrio Magnoli & Regina Araújo.
Projeto de Ensino de Geografia: Geografia Geral.

119

Sobre a figura, é correto afirmar que representa, de forma esquemática, o fenômeno denominado

a) ilha de calor, provocada pela concentração de construções; o ar em 3, quente e seco, permanece junto à superfície terrestre, enquanto o ar, em 2, permanece mais frio que em 3.

b) ilha de calor, que se forma pela associação das condições de poluição local do ar com o avanço de ar 2, que é úmido; 1 e 2 permanecem sobre a cidade devido às baixas temperaturas do ar 3.

c) inversão térmica, em que o ar 3 é frio e permanece próximo à superfície terrestre porque o ar 2, quente, funciona como um tampão, impedindo a ascensão do ar e dos poluentes.

d) frente fria, provocada pelo deslocamento de ar polar, indicado pelo número 2, que fica comprimido entre o ar 3, carregado de poluentes, e o ar 1, que também é quente, mas livre de poluentes.

e) frente quente, provocada pelo deslocamento de ar 3, que é continental e, por sua alta temperatura, é mais pesado e fica impedido de ascender devido ao ar 2, que é frio e não se mistura com o ar 1, que é quente.

3. (UFF-RJ) O fragmento da notícia e a letra da canção referem-se às mesmas áreas da região Nordeste, nas quais se verificou uma mudança brusca nas condições climáticas habituais, devido ao excesso de chuva numa região marcada pela sua falta.

Moradores navegam em rua inundada pelo rio Poti, em Teresina (PI), onde 180 mil alunos ficaram sem aula por causa das chuvas. *Folha de S.Paulo*, 6 de maio 2009.

Último pau de arara

A vida aqui só é ruim
Quando não chove no chão
Mas se chover dá de tudo
Fartura tem de montão
Tomara que chova logo
Tomara, meu Deus, tomara
Só deixo o meu Cariri
No último pau de arara
Só deixo o meu Cariri
No último pau de arara

Venâncio/Corumbá/J. Guimarães

É possível identificar diversos fatores relacionados a essa mudança ambiental.

Identifique o fator principal.

a) A intensificação das chuvas ácidas regionais.
b) A redução da camada de ozônio da estratosfera.
c) A ocorrência do fenômeno climático La Niña.
d) A redução das emissões de gás carbônico.
e) A diminuição da influência da Corrente do Golfo.

4. (UFPR) A urbanização é um processo que apresentou considerável intensificação com o advento da revolução industrial. Desde então, as cidades passaram a concentrar cada vez mais pessoas, atividades e mercadorias, produzindo importantes alterações na natureza local. O clima urbano atesta um aspecto dessas alterações, fato evidenciado de maneira clara na poluição do ar das grandes cidades.

Quanto à poluição do ar nas grandes cidades, é **INCORRETO** afirmar:

a) A poluição atmosférica urbana pode ser tanto de origem natural quanto decorrente das atividades humanas.
b) A ocorrência de chuvas ácidas nas cidades está relacionada, principalmente, à concentração de poluentes na atmosfera local.
c) A poluição atmosférica é composta por gases e material particulado e, quando intensa e associada a nevoeiro, dá origem ao *smog*.
d) Na estação de inverno, quando o ar torna-se mais pesado devido às baixas temperaturas, a atmosfera tende a concentrar poluentes.
e) A concentração e dispersão de poluentes na atmosfera, ao longo do ano, se mantém constante, pois os gases e os materiais particulados são imunes às condições térmicas do ar.

5. (Aman-RJ) Sobre os principais efeitos do fenômeno El Niño nas diferentes regiões do Brasil, pode-se afirmar que

a) na Região Sul, o volume de chuva se reduz significativamente, sobretudo no fim do outono e começo do inverno.
b) prejudica a pecuária e compromete o abastecimento de água no Sertão, podendo atingir também o Agreste e a Zona da Mata Nordestina.
c) provoca grandes inundações na porção leste da Amazônia, prejudicando a atividade agrícola na região.
d) traz mais benefícios do que prejuízos à agricultura no Sul do País, uma vez que interrompe os longos períodos de estiagem característicos do clima subtropical litorâneo.

e) ao contrário da La Niña, intensifica o volume de chuvas e aumenta a temperatura média em todas as regiões do País.

6. (Aman-RJ) As consequências do fenômeno El Niño ocorrem de forma diferenciada sobre o espaço brasileiro.

Em algumas áreas, ocorrem chuvas acima da média histórica, enquanto em outras a quantidade de chuvas diminui. Há outras áreas, entretanto, que não sofrem os efeitos desse fenômeno, mantendo as mesmas médias históricas.

Sobre os efeitos do El Niño nas chuvas sobre o território brasileiro, podemos afirmar que esse fenômeno

a) intensifica as chuvas na Amazônia e provoca estiagem prolongada na Região Sul.
b) mantém as chuvas com as mesmas médias históricas nas Regiões Sul e Sudeste.
c) provoca precipitações acima da média na Região Sul, com enchentes e inundações anormais durante o verão.
d) acarreta chuvas abaixo da média no Sertão nordestino e chuvas acima da média em toda a Amazônia.
e) provoca grande estiagem na Região Sul e eleva as médias pluviométricas na Região Nordeste.

7. (Fuvest-SP)

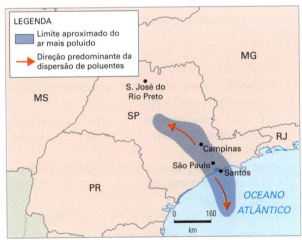

Adaptado de: *Folha de S.Paulo*, março de 2008.

Segundo a Cetesb, depois de cinco anos de melhora, a qualidade do ar na metrópole de São Paulo voltou a piorar nos últimos dois anos. O número de vezes em que a qualidade do ar ficou inadequada ou má foi 54% maior em 2007, se comparada à de 2006. Dentre possíveis causas e consequências, é correto afirmar que a gravidade do problema da poluição, a partir de 2006,

a) aumentou, em função do forte crescimento das taxas de industrialização na capital e no litoral e em razão da desobediência legal das indústrias dessas áreas.
b) teve desdobramentos, como a expansão da área mais poluída, em função do aumento da emissão de poluentes por veículos automotores e outras fontes.
c) aumentou, em virtude de um novo fenômeno, o da emissão de gás ozônio pela frota de automóveis bicombustíveis, concentrada na região metropolitana.
d) teve desdobramentos sobre a formação das ilhas de calor, cujos efeitos de aquecimento foram atenuados no centro da região metropolitana.
e) aumentou, em função do crescimento econômico do interior do Estado e em virtude da ausência de legislação sobre emissão de poluentes nessa região.

Questão

8. (Unicamp-SP) O El Niño é um fenômeno atmosférico-oceânico que ocorre no oceano Pacífico Tropical, e que pode afetar o clima regional e global, porque altera padrões de vento em nível mundial. Desse modo, afeta regimes de chuva em regiões tropicais e de latitudes médias. Com o auxílio da figura a seguir, responda às questões:

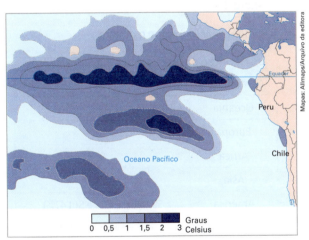

Adaptado de: <http://enos.cptec.inpe.br>.

a) O que acontece com a temperatura das águas do Oceano Pacífico quando ocorre o El Niño? Qual a razão para esse fenômeno ser denominado El Niño?
b) Nos anos em que esse fenômeno ocorre, qual a consequência para a atividade pesqueira do Peru? Qual a alteração do tempo no Nordeste Brasileiro?

121

MÓDULO 9

Testes

1. (Uespi) O gráfico a seguir trata das vazões máximas de rios relacionadas a diversos fatores. Analise-o.

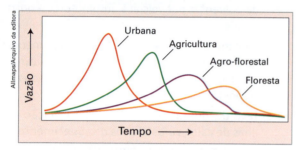

Dessa análise, conclui-se que:

a) as áreas urbanas são a cobertura ideal de uma bacia hidrográfica, pois permitem, mais facilmente, vazões máximas.

b) as atividades agrícolas praticamente não interferem nas vazões máximas de um rio.

c) o tipo e a extensão da cobertura vegetal de uma bacia hidrográfica não interferem no deslocamento de sedimentos para reservatórios hídricos.

d) a floresta é a cobertura ideal de uma bacia hidrográfica e, portanto, deve ser preservada ou estimulado o replantio de espécies nativas.

e) a vazão máxima de um rio é apenas uma função inversa do tempo e independe da cobertura agro-florestal.

2. (Unimontes-MG) Analise o quadro.

Distribuição de água dos rios por continentes	
Continentes	%
Oceania	1
Europa	4
África	9
Ásia	27
América	59 (Norte 12% e Sul 47%)

Adaptado de: *Atlas do meio ambiente*. Brasília: Embrapa/Terra Viva, 1996.

Considerando os dados do quadro e seus conhecimentos sobre o ambiente físico dos continentes, assinale a alternativa incorreta.

a) Os rios Mississipi/Missouri, juntamente com o rio Amazonas, são decisivos para que a América apresente o maior percentual de água fluvial.

b) Os deltas dos rios asiáticos são densamente povoados e neles são desenvolvidas atividades agrícolas, principalmente o cultivo de arroz.

c) Os rios europeus são intensamente usados para a navegação, destacando-se o rio Danúbio que interliga vários países.

d) A Oceania apresenta a menor porcentagem entre os continentes em função do congelamento de grande parte de seus rios durante o inverno.

3. (UFRGS-RS) As figuras abaixo representam as alterações nos volumes de balanço hídrico entre um cenário sem urbanização e um urbanizado no Brasil.

Cenário sem urbanização

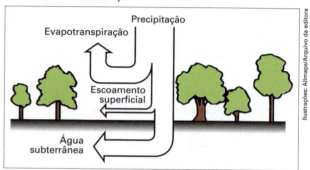

Cenário urbanizado

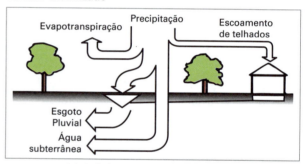

Adaptado de: TUCCI, C. E. M. *Inundações urbanas*. Porto Alegre: ABRH/RHAMA, 2007. p. 96.

Considere as seguintes afirmações sobre os efeitos da urbanização na dinâmica do balanço hídrico.

I. A infiltração no solo é reduzida, mantendo estável o nível do lençol freático.

II. O volume de escoamento superficial aumenta devido à retirada da superfície permeável e da cobertura vegetal.

III. As perdas por evapotranspiração são mais intensas no cenário urbanizado.

Quais estão corretas?

a) Apenas I.   c) Apenas III.   e) I, II e III.
b) Apenas II.   d) Apenas I e III.

4. (UFG-GO) Texto para a próxima questão:

Texto 1

Dentre as formações vegetais brasileiras, aspectos hidrológicos distinguem áreas de ocorrência de Cerrado e de Caatinga. Verifica-se, por exemplo, que a rede de drenagem intermitente é um dos fatores determinantes para diferenciar as depressões semiáridas ocupadas pela Caatinga, dos planaltos semiúmidos ocupados pelo Cerrado.

Adaptado de: SILVA, C. R. *Geodiversidade do Brasil*: conhecer o passado, para entender o presente e prever o futuro. Rio de Janeiro: CPRM, 2008. p. 44.

Texto 2

Na região do Cerrado são registrados casos, como no oeste da Bahia, onde já ocorreu o desaparecimento de mananciais importantes, em mais de duas décadas de exploração agrícola. Conhecido como "floresta invertida" por ter mais matéria orgânica vegetal no subsolo do que na parte superior, o sistema radicular nas áreas de Cerrado é extenso e capaz de reter no mínimo 70% das águas das chuvas.

Adaptado de: BARBOSA, A. S. Elementos para entender a transposição do rio São Francisco. *Cadernos do CEAS – Centro de Estudos e Ação Social*. Salvador, n. 227, jul.-set. 2007, p. 95-105.

No âmbito do Cerrado, o Texto 2 aborda o funcionamento de um sistema fluvial perene, no qual os canais principais no período

a) chuvoso abastecem o nível das águas subterrâneas, com a infiltração destas a partir dos canais de drenagem mais permeáveis. O volume das águas subterrâneas poderá diminuir com seu bombeamento intensivo.

b) chuvoso alimentam o nível freático, podendo desaparecer durante o período seco. Esse nível pode tornar-se profundo com o bombeamento intensivo da água subterrânea para uso agrícola.

c) seco têm a vazão diminuída à jusante, por causa da recarga da água subterrânea pelo escoamento fluvial. O volume de água dos canais pode diminuir com o rebaixamento do nível freático e afetar as atividades agropecuárias.

d) chuvoso apresentam infiltração da água a partir de seus leitos. A vazão da água subterrânea pode ser diminuída com a retirada da cobertura vegetal adjacente.

e) seco têm seus cursos d'água mantidos, em consequência da infiltração das águas nas vertentes no período chuvoso. O volume de água desses canais pode diminuir com o desmatamento.

5. (ESPM-SP)

Em relação à região destacada, está correto afirmar:

a) Trata-se de região drenada por rio principal exorreico, com jusante no sentido norte e de grande importância à população ribeirinha.

b) A transposição projetada em seu principal rio tem como justificativa explorar o potencial hidrelétrico e aumentar a produção energética para o nordeste.

c) É a única bacia hidrográfica genuinamente brasileira e irriga uma área bastante atingida por estiagens.

d) No curso desse importante rio brasileiro será construída a segunda maior usina hidrelétrica brasileira e terceira maior do mundo, com previsão de operação para 2014.

e) As usinas de Paulo Afonso, Sobradinho e Balbina, geram energia para todo o nordeste brasileiro sob a responsabilidade energética da CHESF.

6. (UFRGS-RS) A figura abaixo representa uma bacia hidrográfica e sua rede de drenagem.

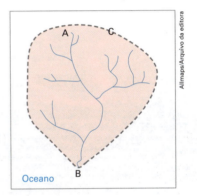

Os elementos destacados com as letras A, B e C indicam, respectivamente,

a) afluente, foz e efluente.

b) nascente, exutório e divisor de águas.

c) nascente, afluente e divisor de águas.

d) divisor de águas, exutório e afluente.

e) efluente, divisor de águas e foz.

7. (UFRGS-RS) As figuras abaixo representam uma comparação entre um riacho natural e outro canalizado.

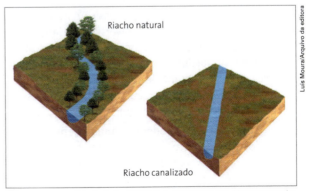

Adaptado de: KELLER, E. A; BLODGETT, R.H. *Riesgos naturales*. Madri: Pearson Educación, 2007. p. 137.

123

Considere as seguintes afirmações, sobre os efeitos da canalização na dinâmica de um curso d'água.

I. A retirada da cobertura vegetal ocasiona o desaparecimento da sombra, causando danos à flora e aos organismos aquáticos sensíveis ao calor.

II. A eliminação dos meandros fluviais e da cobertura vegetal aumenta a velocidade das águas do riacho.

III. A canalização consiste em retilinizar, aprofundar e revestir leitos fluviais, com o objetivo de aumentar a capacidade de infiltração dos solos e, assim, diminuir o extravasamento do leito fluvial.

Quais estão corretas?

a) Apenas I.
b) Apenas II.
c) Apenas III.
d) Apenas I e II.
e) I, II e III.

8. (PUC-RJ)

Adaptado de: *Novo dicionário geológico-geomorfológico*, 1997. <www.unb.br/ig/glossario/verbete/meandro.htm>.

Um rio é a corrente líquida da concentração do lençol de água num vale. As sinuosidades descritas por ele, formando, por vezes, amplos semicírculos em zonas de terrenos planos ou em outros cujo vale se acha profundamente escavado são chamadas de:

a) cursos.
b) bordas.
c) margens.
d) estuários.
e) meandros.

9. (UPE) A água é uma condição básica para a vida no planeta Terra. Mantém a biodiversidade e impulsiona os ciclos biogeoquímicos, por exemplo. Como tem, também, importância para a economia dos continentes, ela precisa ser melhor gerenciada. Sobre os problemas referentes aos recursos hídricos em escala global, analise os itens a seguir:

1. Esses problemas podem ser muito bem sintetizados no conjunto de situações que resultam do crescimento populacional, da intensa urbanização e da contaminação de recursos hídricos superficiais e subterrâneos.

2. O aumento da população e a urbanização provocam uma intensa pressão de usos múltiplos dos recursos hídricos e impactos na qualidade da água.

3. A infraestrutura de baixa qualidade ou incompleta ocasiona distribuição ineficiente da água tratada e perdas de boa parte dela.

4. É necessário ampliar, em escala global, a mobilização pública no processo de decisão e desenvolver a capacidade de informação eficiente para melhorar a educação relacionada à água.

5. Todos os processos relativos à água estão inter-relacionados, são de natureza complexa, dinâmicos e demandam conhecimento multidisciplinar.

Estão CORRETOS

a) apenas 1 e 4.
b) apenas 2 e 5.
c) apenas 1, 2 e 3.
d) apenas 2, 4 e 5.
e) 1, 2, 3, 4 e 5.

10. (UFG-GO) Leia os textos a seguir.

Os rios "[...] são fundamentais para o escoamento das águas das chuvas [...] e o homem sempre se beneficiou dessas águas superficiais para sua preservação e sua manutenção".

Adaptado de: RICCOMINI, Claudio et al. Processos fluviais e lacustres e seus registros. In: TEIXEIRA, Wilson et al. (Org.). *Decifrando a Terra*. São Paulo: Companhia Editora Nacional, 2009. p. 306.

Em Goiânia [...] "o Corpo de Bombeiros registrou 17 pontos de alagamento principalmente na Região Norte da cidade. [...] Ruas se transformaram em rios. [...] Os moradores perderam quase tudo".

Adaptado de: SASSINE, Vinicius Jorge. Meia Ponte invade casas na capital. *O Popular*, Goiânia, 5 abr. 2010. In: Ministério Público do Estado de Goiás. Disponível em: <www.mp.go.gov.br/portalweb/1/noticia/bd5482456bf06a1062c6daa0b78b5e6f.html>. Acesso em: 17 set. 2011.

Estes dois textos tratam de processos associados à dinâmica do escoamento das águas e à apropriação do solo urbano, gerando modificações, com alterações significativas nas vazões desses mananciais. Considerando o exposto, as inundações

a) são advindas da saturação do solo pelo aumento da infiltração das águas das chuvas, em vertentes com baixas declividades.

b) são intensificadas pela diminuição da infiltração e pelo aumento da quantidade e da velocidade das águas de escoamento superficial na vertente.

c) originam-se na alteração topográfica, advinda da intervenção humana em terrenos inclinados, em solos pouco profundos.

d) evoluem em consequência do aumento do peso sobre solos lixiviados pela água da chuva, em terrenos com altas inclinações.

e) decorrem de chuvas bem distribuídas ao longo do tempo, o que acarreta a diminuição da velocidade de chegada da água ao curso fluvial.

11. (UFSJ-MG)

Depoimento de vítima da enchente em São João del-Rei – MG

Fomos pegos de surpresa. A chuva começou e inundou tudo em 40 minutos, no máximo. Foi muito de repente, não deu tempo pra nada porque a água subiu muito rápido. O que fizemos foi sair de casa e ajudar os vizinhos a fugirem para uma parte mais alta.

Gazeta de São João del-Rei, p. 3, 17 março 2012.

Entre os fatores do processo de ocupação urbana que explica o fenômeno acima e pode ser responsabilizado pela ocorrência de enchentes em algumas cidades, estão os abaixo relacionados, **EXCETO**

a) o desmatamento e aceleração de processos erosivos em encostas, elevando o assoreamento dos rios.

b) as obras de canalização dos rios e deposição de resíduos sólidos no leito de rios e canais.

c) a ocupação desordenada do solo urbano e utilização de fundos de vale para a construção de aterros.

d) a permeabilização do solo urbano pelo asfalto e aumento da percolação das águas pluviais.

12. (Unimontes-MG) No estado de Minas Gerais, a maior bacia hidrográfica é a do rio São Francisco, que nasce na região Centro-Oeste do estado, no município de São Roque de Minas, na área da Serra da Canastra. Sobre o rio São Francisco no território mineiro, podemos afirmar que

a) o aproveitamento econômico das águas do rio São Francisco, no território mineiro, é pequeno, haja vista que a quantidade de água é baixa.

b) o escoamento do rio ocorre de sul para norte, desde sua nascente até a divisa de Minas Gerais com a Bahia.

c) a parte mais preservada do rio São Francisco, em Minas Gerais, é o trecho que passa pelo norte do estado.

d) o principal problema ambiental do São Francisco é a contaminação por minerais pesados provenientes do garimpo de ouro.

13. (UEPG-PR) Com relação aos recursos das bacias hidrográficas brasileiras e de seu aproveitamento, além de outros recursos hídricos, assinale o que for correto.

(01) As regiões brasileiras com maior disponibilidade de água são as regiões Norte e Centro-Oeste que, no entanto, são as menos povoadas e que menos consomem, sendo que o consumo maior de água está no Sudeste, seguido pelo Nordeste e pelo Sul, e é nessas três regiões que o potencial hidrelétrico é mais aproveitado.

(02) O consumo maior de água disponível é na irrigação nas regiões Nordeste, Sul, Centro-Oeste e Sudeste, e apenas na região Norte o consumo urbano é maior do que na irrigação.

(04) Os recursos hídricos brasileiros são apenas superficiais, relacionados às suas bacias hidrográficas, uma vez que o território brasileiro é pobremente servido de água subterrânea (aquíferos).

(08) Embora o Brasil possua a maior reserva mundial de recursos hídricos, o país não está livre de escassez de água, o que afeta, sobretudo, os habitantes das regiões metropolitanas, uma vez que os mananciais estão sendo prejudicados principalmente por resíduos domésticos e industriais.

(16) As bacias hidrográficas brasileiras asseguram a disponibilidade quase infinita de água para consumo urbano, industrial e na irrigação, já que no país não ocorre o uso predatório dos recursos hídricos, poluição significativa mesmo que por mercúrio nas atividades de garimpo, assoreamento dos rios e desperdício na distribuição de água, além de outros fatores.

14. (Unicamp-SP)

Em 1902 os paulistas organizam o primeiro campeonato de futebol no Brasil. No mesmo ano, surgem os primeiros campos de várzea, que logo se espalham pelos bairros operários, e já em 1908/1910, a várzea paulistana congregava vários e concorridos campeonatos, de forma que São Paulo não é apenas pioneira nacional no futebol "oficial", mas também, e sobretudo, no "futebol popular". A retificação dos rios Pinheiros e Tietê, a partir dos anos 1950, eliminou da paisagem urbana inúmeros campos de várzea, provavelmente mais de uma centena.

Adaptado de: G. M. Jesus, "Várzeas, operários e futebol: uma outra Geografia". Geographia. Rio de Janeiro, v. 4, n. 8, p. 84-92, 2002.

Várzea é uma forma geomorfológica associada às margens de rios caracterizadas pela topografia plana (o que facilita o uso como campos de futebol) e

a) sujeita a inundações periódicas anuais, quando ocorre a deposição de sedimentos finos. Está posicionada entre o terraço e o rio.

b) sujeita a inundações apenas em anos muito chuvosos, quando ocorre a deposição de sedimentos grossos. Está posicionada entre o terraço e o rio.

c) sujeita a inundações periódicas anuais, quando ocorre a deposição de sedimentos finos. Está posicionada entre a vertente e o terraço.

d) sujeita a inundações apenas em anos muito chuvosos, quando ocorre a deposição de sedimentos finos. Está posicionada entre a vertente e o terraço.

15. (Unemat-MT) A intervenção humana em sistemas hidrográficos normalmente produz efeitos diretos e colaterais.

Assim, a alteração do canal de um rio por aprofundamento ou alargamento pode provocar:

a) o aumento da evaporação e mudanças no micro clima local.

b) a alteração da velocidade da água e consequente erosão e sedimentação.

c) a mistura de águas quimicamente diferentes.

d) a interrupção dos processos de escoamento superficial.

e) a elevação do perfil de equilíbrio do rio.

16. (UFG-GO) Leia o texto a seguir.

No fundo do vale o lençol freático aflora para formar os rios. Estes têm seus ciclos regulados pelos períodos de cheia e vazante, e pelos espaços representados pelas planícies de inundação. Este termo encerra em si sua função: abrigar as águas do rio quando do seu natural extravasamento nas épocas de cheias.

LOPES, Luciana Maria. *Tragédia ou descaso*. Disponível em: <www.opopular. com.br/anteriores/03out2009/opiniao>. Acesso em: 3 out. 2009.

Este texto analisa as recorrentes tragédias na região Sul do Brasil, com desmoronamentos, desabamentos de casas, mortes e centenas de pessoas desabrigadas.

A explicação geográfica para essas tragédias pode ser encontrada no seguinte fato:

a) desvios dos leitos dos rios que direcionam o fluxo das águas em um mesmo sentido, tornando as enchentes inevitáveis.

b) ausência de planejamento do uso do solo causando especulação imobiliária e possibilitando a ocupação de novos espaços sem fiscalização.

c) encostas íngremes que impedem a absorção de quantidade volumosa de água vertida em direção aos vales.

d) altas precipitações pluviométricas anuais que dificilmente são previstas devido ao uso de equipamentos meteorológicos obsoletos.

e) presença de solos profundos porosos que retêm água, provocando desabamentos de construções.

17. (UEG-GO) Sobre as bacias hidrográficas brasileiras, é correto afirmar:

a) o maior rio em volume de água da bacia do Nordeste é o rio Parnaíba.

b) a bacia do São Francisco é responsável pelo abastecimento de água de mais de 50% da população do Brasil, devido ao alto índice populacional existente em suas margens.

c) as bacias hidrográficas do Sudeste e do Sul são as mais indicadas para a implantação de usinas hidrelétricas em virtude de grande parte de seus rios percorrerem áreas acidentadas.

d) a bacia Amazônica apresenta alto potencial para o transporte fluvial de carga destinado à exportação para Europa e Ásia, uma vez que seus rios fazem ligação direta com o oceano Pacífico.

18. (FGV-SP) Leia atentamente o texto a seguir:

As Nações Unidas estimam que, até 2025, dois terços da população mundial sofrerão escassez, moderada ou severa, de água. Essa situação tem sido interpretada como resultante da falta física de água doce para o atendimento da demanda das populações da Terra. Entretanto, no plano geral, há água suficiente no mundo [...] para satisfazer as necessidades de todos. De fato, este cenário de escassez significa que, no ano 2025, apenas um terço da humanidade deverá dispor de dinheiro suficiente para pagar o serviço de abastecimento d'água decente, isto é, com regularidade de fornecimento e qualidade garantida da água.

REBOUÇAS, Aldo. O ambiente brasileiro: 500 anos de exploração. In: RIBEIRO, Wagner Costa (Org.). *Patrimônio ambiental brasileiro*. São Paulo: Edusp, 2003. pág. 206.

Considerando os argumentos do texto, é correto afirmar que:

a) A "crise da água" resulta do elevado crescimento da população dos países mais pobres.

b) A "crise da água" não pode ser enfrentada com as tecnologias disponíveis, por isso tende a se aprofundar.

c) No cenário projetado pela ONU, a escassez de água tenderá a se agravar devido à continuidade do processo de urbanização.

d) Fatores sociais e econômicos desempenham um papel importante no problema da escassez de água.

e) A água é um recurso natural renovável, portanto, a escassez resulta apenas da distribuição desigual desse recurso pela superfície da Terra.

19. (Aman-RJ) Sobre as reservas e a utilização dos recursos hídricos no Brasil e no Mundo, podemos afirmar que:

I. A água doce dos rios e dos lagos de todo o planeta é responsável pela maior parte da água doce da Terra.

II. No mundo inteiro, mais de 1,5 bilhão de pessoas dependem principalmente da água de reservas subterrâneas para suprir suas necessidades básicas.

III. Apesar de grande parte do Estado de São Paulo situar-se sobre o Aquífero Guarani, o sistema de abastecimento do Estado não utiliza fontes subterrâneas.

IV. As calotas polares e as geleiras são as mais importantes, em termos quantitativos, reservas de água doce de nosso planeta.

Assinale a alternativa que apresenta todas as afirmativas corretas:

a) I e II

b) I, II e III

c) I, III e IV

d) II e IV

e) III e IV

20. (Vunesp-SP) Observe na figura ao lado os perfis longitudinais de importantes rios de algumas das bacias hidrográficas brasileiras.

As bacias hidrográficas identificadas nos perfis são, respectivamente,

a) Amazônica, Tocantins-Araguaia, Uruguai e Atlântico Nordeste Oriental.
b) Tocantins-Araguaia, Paraguai, Parnaíba e Atlântico Leste.
c) Atlântico Sudeste, Uruguai, Paraguai e Amazônica.
d) Amazônica, Tocantins-Araguaia, São Francisco e Paraná.
e) Atlântico Nordeste Oriental, Parnaíba, São Francisco e Paraná.

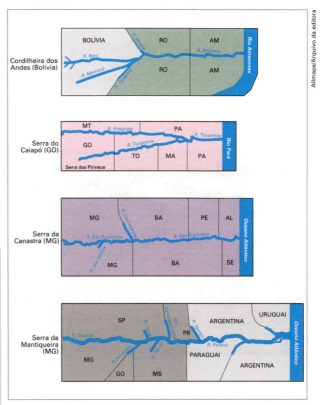

Adaptado de: IBGE. *Atlas geográfico escolar*, 2009.

21. (UFU-MG) O crescimento econômico e populacional no Brasil vem repercutindo diretamente na demanda energética, levando o Governo Federal a financiar construções de barragens para geração de energia elétrica em várias bacias hidrográficas brasileiras. Essa modalidade de produção de energia chegou ao ponto de levar algumas bacias hidrográficas a serem tomadas, quase que totalmente por lagos, como o caso do Rio Iguaçu, afluente do rio Paraná, exposto na figura a seguir, repercutindo em extensas modificações nos processos físico-químicos e biológicos dos rios.

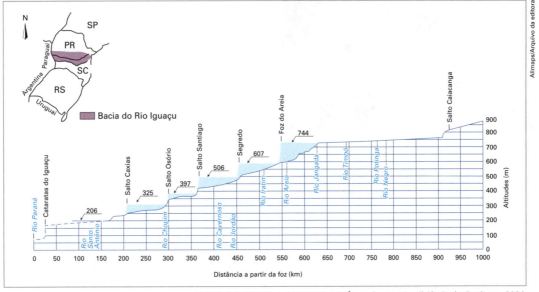

BRAGA, B. REBOLSAS, A.C.; TUNDISI, J. G. *Águas doces no Brasil*. São Paulo: Escrituras, 2006.

São características dos processos de transformação por que passam esses rios, EXCETO:

a) Alterações no sistema de reprodução de peixes e na fauna e flora das áreas de inundação, causadas pelas modificações no regime hidrológico, na vazão, bem como na migração dos peixes.
b) Alteração no regime hidrológico, tendo como fator positivo o controle de grandes cheias no rio durante o período chuvoso que atinge, principalmente, as populações ribeirinhas.
c) Modificações nos ciclos biogeoquímicos, como retenção de fósforo nas represas, causada pela precipitação do fosfato férrico que, somado à anulação da reoxigenação, pode desencadear o processo de eutrofização.
d) Aumento na retenção de sedimentos nos reservatórios a jusante, interferindo nos ciclos biogeoquímicos e na qualidade da água.

127

Questão

22. (UFRN) A ação intensiva do ser humano sobre o meio, em virtude da ocupação do solo, tanto no espaço urbano quanto no rural, altera as condições ambientais originais.

Observe as figuras a seguir, que ressaltam a hidrografia como um elemento marcante da paisagem.

a) Suponha que, na área rural em que se localiza o rio mostrado na figura 1, ocorreram chuvas intensas. Justifique por que o rio, nessa área, apresenta menor predisposição para transbordar.

b) Mencione e explique um problema socioambiental provocado pelo transbordamento de rios em áreas urbanas.

MÓDULO 10

Testes

1. (PUC-RS) Considerando as características hidrofitogeográficas do Brasil, é correto afirmar que o domínio

a) da Mata Atlântica é caracterizado pela ocorrência de rios intermitentes sazonais e por uma vegetação menos densa, com predomínio de plantas de grande porte que recebem influências dos ventos úmidos.

b) da Caatinga é caracterizado pela ocorrência de rios intermitentes sazonais devido ao baixo índice de chuvas, e apresenta uma vegetação composta por arbustos com galhos retorcidos e raízes profundas, assim como cactos e bromélias.

c) da Floresta Equatorial ocupa o Planalto Meridional Brasileiro e é caracterizado por rios que deságuam diretamente no Oceano Atlântico, situando-se sua foz na Faixa Tropical.

d) do Cerrado ocupa áreas do Planalto Central Brasileiro e parte da área de várzea da Amazônia, apresentando uma rede pluvial que forma a bacia hidrográfica do Rio Paraná.

e) da Mata de Araucária, o mais preservado do país, possui uma vegetação formada predominantemente pelo chamado pinheiro-do-paraná, sofre influência do clima subtropical e da elevada altitude e apresenta rios que congelam por longos períodos no inverno.

2. (FGV-SP)

Por muitas razões, se houvesse um movimento para aprimorar o atual Código Florestal, teria que envolver o sentido mais amplo de um Código de Biodiversidades, levando em conta o complexo mosaico vegetacional de nosso território [...]. O primeiro grande erro dos que no momento lideram a revisão do Código Florestal brasileiro – a favor de classes sociais privilegiadas – diz respeito à chamada estadualização dos fatos ecológicos de seu território específico [...]. Para pessoas inteligentes, capazes de prever impactos a diferentes tempos do futuro, fica claro que, ao invés da "estadualização", é absolutamente necessário focar para o zoneamento físico e ecológico de todos os domínios de natureza do país.

Aziz Ab'Saber. *Do código florestal ao código da biodiversidade.*
Disponível em: <www.sbpcnet.org.br/site/home/home.php?id=1305>.

Considerando seus conhecimentos acerca das propostas de mudança do Código Florestal brasileiro, assinale a alternativa que é coerente com os argumentos do texto:

a) O Código Florestal brasileiro, em vigor desde 1965, deve ser reformulado de forma a ampliar o poder decisório dos governos estaduais.

b) O zoneamento físico e ecológico é a base do atual Código Florestal brasileiro, que, por isso, não tem como ser aprimorado.

c) Os limites estaduais não coincidem com a lógica de distribuição dos fatos ecológicos, por isso não devem servir como base territorial do Código Florestal.

d) Os domínios de natureza do país são fatos de natureza ecológica que não podem servir como base territorial para legislações restritivas.

e) Diante da extensão territorial do Brasil, o uso de patrimônio ambiental não pode ser regulado a partir da esfera federal.

3. (UEPG-PR) Com relação às espécies de cobertura vegetal encontradas no território brasileiro, assinale o que for correto.

(01) Campos de altitude, tundra e caatinga.

(02) Caatinga arbustiva densa, mata de terra firme e mata atlântica.

(04) Mata de igapó, cerrado e mata de araucária.

(08) Mata de várzea, chaparral e floresta boreal.

4. (UERN) Há uma nítida relação entre o meio abiótico e biótico. A vegetação está condicionada aos fatores edáficos e climáticos. O gráfico demonstra como os elementos climáticos podem atuar no processo de intemperismo de uma rocha.

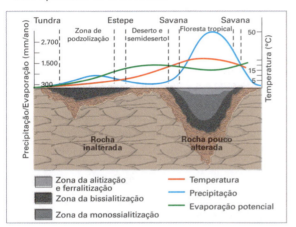

Adaptado de: TEIXEIRA, W. et al. *Decifrando a Terra*. São Paulo: Nacional, 2009.

Após análise do gráfico anterior, pode-se inferir que a vegetação apresentada encontra-se em áreas de

Disponível em: <www.brasilescola.com/brasil/caatinga.htm>.

a) rocha pouco alterada e de evaporação potencial maior que a precipitação.

b) rocha muito alterada e de evaporação potencial maior que a temperatura.

c) solos profundos e de precipitação maior que a evaporação potencial.

d) solos rasos, com precipitação abundante, mas com alta evaporação potencial.

5. (Unicamp-SP)

[...] *as caatingas são um aliado incorruptível do sertanejo em revolta. Entram também de certo modo na luta. Armam-se para o combate; agridem. Trançam-se, impenetráveis, ante o forasteiro, mas abrem-se em trilhas multivias, para o matuto que ali nasceu e cresceu* [...]

Euclides da Cunha. *Os sertões*. Rio de Janeiro: FBN, p. 102.

No texto, as caatingas são apresentadas como aliadas do sertanejo. Essa vegetação está associada a

a) locais onde a evapotranspiração potencial é maior que a evapotranspiração real durante praticamente todo o ano, gerando grande *deficit* hídrico, o que resulta em uma vegetação espinhenta e sem folhas na maior parte do ano.

b) locais onde raramente chove, o que determina uma vegetação que em nenhuma época do ano apresenta folhas verdes, e que nasce em solos pouco desenvolvidos e férteis.

c) locais secos durante seis meses por ano, o que permite a presença da vegetação com folhas durante a maior parte do ano, embora todas as folhas caiam no período de seca.

d) locais com precipitação maior que a evapotranspiração potencial, o que determina um ambiente quase que permanentemente seco ao longo do ano, com poucos dias em que a vegetação apresenta folhas verdes.

6. (Uespi) Observe com atenção o mapa esquemático a seguir.

O que as áreas escuras estão delimitando?

a) As áreas de fronteiras agrícolas mais recentes.

b) Os espaços ocupados pelos terrenos sedimentares.

c) As zonas de intenso extrativismo mineral.

d) O bioma de cerrado.

e) O domínio morfoclimático das matas ciliares.

7. (Unimontes-MG) Observe os mapas.

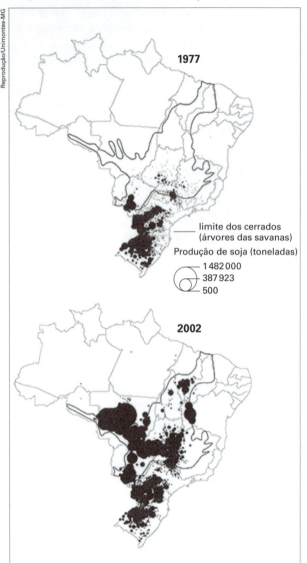

IBGE – PAM, 2002

De acordo com os mapas, podemos concluir que, entre os períodos representados, ocorreu

a) avanço da soja apenas para a área do Bioma Cerrado.
b) redução da área de soja plantada no estado do Pará.
c) concentração da soja na região Centro-Sul do Brasil.
d) expansão da soja nos estados mais setentrionais do Brasil.

8. (Acafe-SC)

[...] A responsabilidade não é apenas do clima adverso. As inundações que se registram, ciclicamente, no Vale do Itajaí, têm seus efeitos devastadores potencializados pela imprevidência e omissão dos poderes públicos. A própria sociedade tem sua parcela de culpa [...]

Diário Catarinense, Editorial, 18 de setembro de 2011.

Os deslizamentos em épocas de chuvas prolongadas acarretam sérios problemas em várias partes do Brasil. Um caminho a ser percorrido para enfrentar esses problemas é através da educação ambiental, enfocando a dinâmica da natureza.

Nesse sentido, a cobertura florestal tem um papel importante nas encostas e ele é cumprido por meio dos atributos abaixo, **exceto**:

a) Impede o impacto das gotas, através da copa e do manto de restos vegetais que cobrem o solo.
b) Retira por absorção e devolve à atmosfera através da transpiração a água da chuva infiltrada.
c) Retém a maior quantidade de chuva através da absorção pelas raízes, ficando esta água armazenada no caule das árvores.
d) Os restos de vegetais e raízes dificultam sobremaneira a ação erosiva das águas pluviais.

9. (PUC-RJ)

Marcado nos últimos meses por temporais, enchentes e tremores de terra, o Nordeste brasileiro sofre com um mal silencioso que pode causar prejuízos ainda mais sérios à população que mora no semiárido: a desertificação. O processo atinge oito dos nove estados da região, além do norte de Minas Gerais.

UOL Notícias – Cotidiano, 05/08/2010.

O evento identificado no texto acima é causado, principalmente, pelos seguintes fatores:

a) desmatamento, cultivo de cactáceas e aumento do gado de corte.
b) queimadas, cultivo de cactáceas e esgotamento do lençol freático.
c) desmatamento desordenado, queimadas e uso intensivo do solo na agricultura.
d) esgotamento do lençol freático, uso intensivo do solo na agricultura e queimadas.
e) queimadas, aumento do gado de corte e cultivo de cactáceas.

Questão

10. (UFC-CE) A cobertura vegetal é influenciada pelo clima. Assim, os grandes conjuntos vegetacionais se espacializam, principalmente de acordo com o tipo climático dominante. A partir do tema, responda o que se pede a seguir.

a) Mencione duas características das florestas equatoriais.
b) Cite uma característica fisionômica da vegetação da caatinga.
c) Cite dois elementos do clima que favorecem a maior riqueza de diversidade de espécies vegetais.
d) Mencione uma consequência negativa do desmatamento das florestas associada aos solos e à água.

MÓDULO 11

Testes

1. (Vunesp-SP) Analise a tabela.

O mundo em emissões de dióxido de carbono		
Macrorregiões	emissão de CO_2 em 2009 (milhões de toneladas)	mudança em relação a 2008 (%)
América do Norte	6,411	−6,9
América Central e do Sul	1,220	−0,7
África	1,122	−3,1
Oriente Médio	1,714	3,3
Europa	4,310	−6,9
Eurásia	2,358	−9,2
Ásia e Oceania	13,264	7,5
Mundo	30,398	−0,3

Adaptado de: <www.theguardian.co.uk>. Acesso em: 5 ago. 2014.

Considerando a tabela, é correto afirmar que, no ano de 2009, os países da

a) América do Norte apresentaram, em toneladas, as maiores reduções de dióxido de carbono no mundo.

b) África e da América Central e do Sul elevaram a média mundial com o aumento da emissão de dióxido de carbono.

c) Ásia e Oceania emitiram mais dióxido de carbono que a soma da emissão dos demais países juntos.

d) Europa apresentaram níveis de emissão de dióxido de carbono menores que os países do Oriente Médio.

e) Eurásia foram os que emitiram a menor quantidade de dióxido de carbono na atmosfera.

2. (UEPG-PR) Dentre os problemas ambientais, áreas de ocorrência e acordos internacionais relacionados ao assunto no mundo atual, assinale o que for correto.

(01) O aquecimento da Terra devido ao efeito estufa é fato que todos os países aceitam como incontestável, e todos os governantes acatam as regras impostas pelos acordos internacionais e encontros relacionados às mudanças climáticas globais.

(02) Processos de desertificação provocados pelo homem ocorrem em muitos lugares a exemplo dos Estados Unidos, México e muitos países da África e da Ásia. Apenas nas últimas décadas do século XX, com o agravamento dos problemas ambientais, a sociedade se mobilizou para deter os efeitos nocivos das atividades econômicas predatórias e poluentes.

(04) Os acordos internacionais regulamentando testes nucleares e a emissão de poluentes revelam a preocupação dos países ricos de serem sempre favoráveis aos países menos desenvolvidos.

(08) Os países desenvolvidos e em desenvolvimento são os mais afetados pelo problema da chuva ácida, como acontece no nordeste dos Estados Unidos, Europa Ocidental, China, área mais industrializada do Brasil, Sudeste Asiático, dentre outros locais.

3. (FGV-RJ) A partir da segunda metade do século passado, a mobilização em torno do ambiente foi divulgada e se consolidou por meio de estudos e das cúpulas, ou das conferências internacionais.

Sobre essas conferências, pode-se afirmar:

I. A primeira grande conferência internacional convocada especificamente para a discussão da problemática ambiental ocorreu em Estocolmo, em 1972.

II. Na Rio-92, foram divulgadas as convenções sobre Mudanças Climáticas e sobre Diversidade Biológica, que figuram na agenda ambiental internacional.

III. Na Rio+20, que ocorreu no Rio de Janeiro, em 2012, todos os países participantes ratificaram o novo Protocolo de Quioto, aderindo à nova ordem ambiental internacional.

Está correto o que se afirma em

a) I, apenas.

b) II, apenas.

c) I e II, apenas.

d) II e III, apenas.

e) I, II e III.

4. (UFU-MG) O crescimento econômico mundial pós-Segunda Guerra foi propiciado, especialmente, pelo crescimento da atividade industrial que trouxe, além do desenvolvimento, vários problemas ambientais, que comprometeram a qualidade de vida da população. Vários movimentos sociais reuniram pessoas com preocupações com o futuro do planeta diante do modelo econômico vigente e, para discutir esses problemas, grandes conferências internacionais foram organizadas.

Analise as afirmativas abaixo sobre as conferências internacionais.

I. A Conferência sobre o Meio Ambiente Humano, realizada em Estocolmo (1972), na Suécia, alertou sobre como as ações humanas estavam causando a degradação da natureza e criando graves riscos para o bem-estar e para a sobrevivência da humanidade. Dentre os resultados, foi elaborada uma Declaração de Princípios de Comportamento e Responsabilidade sobre o Meio Ambiente e um Plano de Ação, que convocava apenas os países subdesenvolvidos a propor soluções sobre os vários problemas ambientais.

131

II. A Conferência das Nações Unidas sobre o Meio Ambiente e Desenvolvimento (1992), que ficou conhecida como Cúpula da Terra ou Eco-92, realizada no Rio de Janeiro, teve, entre vários objetivos, examinar a situação ambiental desde 1972 e suas relações com o estilo de desenvolvimento econômico vigente. Esse evento organizado pela ONU rendeu uma série de tratados e acordos de grande importância, dentre eles, A Convenção do Clima e a Convenção da Biodiversidade.

III. Em 2002, a ONU organizou mais um evento, tentando estabelecer ações globais de melhoria da qualidade de vida. O evento ficou conhecido como Rio + 10, a Cúpula do Desenvolvimento Sustentado, que se realizou em Johanesburgo, África do Sul. Nesse evento, houve poucas deliberações, devido ao cenário de incertezas econômicas mundiais.

IV. A Agenda 21 é um programa de ação que objetiva promover, em escala planetária, um novo padrão de desenvolvimento, conciliando métodos de proteção ambiental, justiça social e eficiência econômica. Trata-se de um documento consensual resultante de uma série de encontros promovidos pela Organização das Nações Unidas, com o tema "Meio Ambiente e suas Relações com o Desenvolvimento", assinado durante a Conferência de Estocolmo.

Assinale a alternativa que contém afirmações **incorretas**.

a) Apenas II e III.

b) Apenas I, II e IV.

c) Apenas I e IV.

d) Apenas I, III e IV.

5. (PUC-RS) A Amazônia tem sofrido agressões ambientais incontestáveis, desde desmatamentos para a produção de madeiras até uma quase incontrolável biopirataria. Embora seja necessário promover o desenvolvimento, também é preciso distribuir as riquezas de forma justa e conservar o patrimônio para as gerações seguintes. Para isso, o caminho mais recomendado tem sido o planejamento regional com investimento em políticas públicas qualificadas, o qual deverá considerar, sobretudo,

a) a criação de novas zonas francas, como a de Manaus.

b) o incentivo para as políticas agroindustriais facilitadoras do ingresso de grupos estrangeiros com capital próprio e portadores de tecnologia moderna.

c) o ecoturismo de massa nas áreas de fácil acesso.

d) a criação de novas fronteiras agrícolas.

e) o desenvolvimento sustentável, com a participação das comunidades locais.

6. (Unirio-RJ) A ideia de desenvolvimento sustentável tem sido cada vez mais discutida junto às questões que se referem ao crescimento econômico. De acordo com este conceito considera-se que:

a) o meio ambiente é fundamental para a vida humana e, portanto, deve ser intocável.

b) os países subdesenvolvidos são os únicos que praticam esta ideia, pois, por sua baixa industrialização preservam melhor o seu meio ambiente do que os países ricos.

c) ocorre uma oposição entre desenvolvimento e proteção ao meio ambiente e, portanto, é inevitável que os riscos ambientais sustentem o crescimento econômico dos povos.

d) se deve buscar uma forma de progresso socioeconômico que não comprometa o meio ambiente sem que, com isso, deixemos de utilizar os recursos nele disponíveis.

e) são as riquezas acumuladas nos países ricos em prejuízo das antigas colônias, durante a expansão colonial, que devem, hoje, sustentar o crescimento econômico dos povos.

7. (PUC-RS) INSTRUÇÃO: Responder à questão com base nas afirmativas que tratam da Agenda 21, considerada a mais abrangente tentativa de promover um novo padrão de desenvolvimento em nível mundial.

A Agenda 21:

I. propõe a diminuição das disparidades regionais e interpessoais de renda.

II. alerta para a necessidade de mudanças nos padrões de produção e de consumo.

III. manifesta a necessidade da construção de cidades sustentáveis.

IV. defende a continuidade dos modelos e instrumentos de gestão adotados pelos países ditos desenvolvidos.

As afirmativas corretas são, apenas,

a) I e II.

b) I e III.

c) I, II e III.

d) II e IV.

e) III e IV.

8. (UFPE) Após a Segunda Guerra Mundial, houve três fatores principais que contribuíram para que problemas ambientais passassem a ter consequências globais. Identifique-os.

1. O aumento do nível de consumo das sociedades capitalistas.

2. O crescimento populacional.

3. O emprego de novas técnicas na agricultura intensiva.

4. A poluição dos estuários nas áreas tropicais.

5. O expressivo aumento da produção de energia nuclear, particularmente, na faixa de baixas latitudes.

6. O crescimento do número de hidrelétricas.

Estão corretas apenas:
a) 1, 2 e 5.
b) 2, 4 e 6.
c) 1, 2 e 3.
d) 3, 4 e 5.
e) 1, 5 e 6.

9. (UFBA) Associando-se a ilustração a seguir aos conhecimentos sobre a organização do espaço geográfico, é possível afirmar:

(01) Nas últimas décadas, a proteção ambiental e o crescimento econômico têm caminhado lado a lado, revelando assim a maturidade do homem moderno.

(02) A difusão tecnológica tem possibilitado ao homem a utilização racional dos recursos naturais e o absoluto controle sobre a sua preservação.

(04) A conciliação das atividades econômicas com a preservação ambiental – desenvolvimento sustentado – poderá vir a solucionar os problemas ambientais.

(05) A inexistência de uma política efetiva de preservação ambiental no Brasil funcionou como um atrativo para a instalação de empresas multinacionais após a Segunda Guerra Mundial.

(16) A preocupação com os problemas ambientais e a utilização de métodos que não agridem o meio ambiente possibilitaram aos países centrais o controle absoluto da poluição.

Calcule a soma das respostas corretas.

10. (UFSC) Leia atentamente os textos abaixo:

Todos têm direito ao meio ambiente ecologicamente equilibrado, bem de uso comum do povo e essencial à sadia qualidade de vida, impondo-se ao poder público e à coletividade o dever de defendê-lo e preservá-lo para as presentes e futuras gerações.

CONSTITUIÇÃO DA REPÚBLICA FEDERATIVA DO BRASIL. Brasília, DF: Senado, 1988, artigo 225, caput.

Essa evolução culmina, na fase atual, onde a economia se tornou mundializada, e todas as sociedades terminam por adotar, de forma mais ou menos total, de maneira mais ou menos explícita, um modelo técnico único que se sobrepõe à multiplicidade de recursos naturais e humanos.

SANTOS, Milton. A redescoberta da natureza. (Aula inaugural da Faculdade de Filosofia, Letras e Ciências Humanas da Universidade de São Paulo, 10 mar. 1992.)

Sobre os textos acima, referentes à questão ambiental, assinale a(s) proposição(ões) **corretas(s)**:

(01) O segundo texto expressa o reconhecimento de que o modelo econômico adotado determina a utilização dos recursos naturais e humanos.

(02) De acordo com a Constituição da República, as dificuldades da vida atual dispensam as gerações presentes de qualquer responsabilidade relativa ao patrimônio ecológico e ambiental legado às gerações futuras.

(04) Pela constituição aprovada em 1988, a defesa do meio ambiente é tarefa exclusiva do poder público, razão pela qual a ação das Organizações Não Governamentais (ONGs) não é reconhecida legalmente.

(08) Conforme o texto de Milton Santos, a economia contemporânea reconhece a existência de modelos técnicos diversos, o que favorece o respeito às características naturais e humanas em diferentes pontos do planeta.

(16) O artigo 225 da Constituição Brasileira manifesta preocupação com a defesa e a preservação do meio ambiente, considerado um bem de uso comum do povo, essencial à sadia qualidade de vida.

MÓDULO 12

Testes

1. (Vunesp-SP)

Capitalização financeira das 500 principais empresas multinacionais, 2008

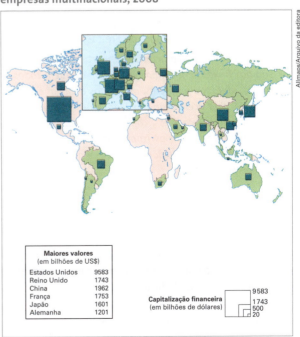

Adaptado de: Marie-Françoise Durand et al. *Atlas da mundialização*: compreender o espaço mundial contemporâneo, 2009.

133

A partir da observação da distribuição das multinacionais no espaço terrestre, pode-se afirmar que

a) o continente americano apresenta uma distribuição equilibrada de localização das sedes das 500 maiores empresas multinacionais.

b) a estratégia utilizada para localização das sedes é a redução das desigualdades mundiais.

c) as sedes das empresas multinacionais concentram-se nos países desenvolvidos, do chamado Norte.

d) as empresas multinacionais estão presentes homogeneamente em todos os hemisférios.

e) a maior presença ocorre nos países da África do Sul, Japão, Índia e Brasil, que compõem o BRICA.

2. (UFPE) O capitalismo encontrou críticos e não fez uma trajetória uniforme. No século XIX, a obra de Karl Marx demoliu, teoricamente, muitos dos princípios do capitalismo, causando impactos e repercussão política. A propósito, Karl Marx, nas suas reflexões:

( ) analisou a exploração capitalista, mostrando a ineficácia da indústria e a precariedade dos governos burgueses.

( ) defendeu a revolução social para acabar com a diferença social e a existência da mais-valia.

( ) defendeu os projetos anarquistas como excelentes para condenar a luta de classes e sua violência.

( ) recebeu influência de economistas clássicos, embora não fosse favorável à propriedade privada dos meios de produção.

( ) projetou uma reforma social que não negava a industrialização nem a utilidade perene da sociedade de classes.

3. (UPE) Segundo Alexandre de Freitas,

A globalização caracteriza-se, portanto, pela expansão dos fluxos de informações — que atingem todos os países, afetando empresas, indivíduos e movimentos sociais —, pela aceleração das transações econômicas — envolvendo mercadorias, capitais e aplicações financeiras que ultrapassam as fronteiras nacionais — e pela crescente difusão de valores políticos e morais em escala universal.

BARBOSA, Alexandre de Freitas. *O mundo globalizado*: política, sociedade e economia. São Paulo: Contexto, 2010, p. 12-13.

Com base na definição acima e nos estudos sobre globalização, é CORRETO afirmar que

a) o autor não leva em consideração a internet e a tecnologia para a construção de computadores no processo de globalização.

b) segundo a definição de Freitas, a globalização se restringe aos eventos em escala internacional.

c) a globalização, por sua natureza planetária, é um duro golpe contra a expansão religiosa.

d) há autores que consideram a Expansão Marítima do século XVI como primeiro ato na história do processo de globalização.

e) por suas carências políticas, sociais e financeiras, os países pobres não participam do processo de globalização.

4. (Cefet-MG)

Art. 34 – A potência que de ora em diante tomar posse de um território [...] africano, fora de suas possessões atuais [...], acompanhará o ato respectivo de uma notificação às demais potências signatárias do presente Ato, a fim de que estejam em condições de formular, se for o caso, as suas reclamações.

ATO Geral da Conferência de Berlim (27/2/1885). IN: FALCON, Francisco; MOURA; Gerson. *A formação do mundo contemporâneo.* Rio de Janeiro: Campus, 1986. p. 118.

Esse Ato relaciona-se ao contexto histórico marcado pela(o)

a) criação de acordos entre os europeus para defender a tradição agrícola dos povos africanos.

b) processo de expansão colonial dos países europeus para garantir a partilha do continente africano.

c) estabelecimento de normas europeias para regular o tráfico de escravos africanos para as colônias.

d) investimento econômico europeu para promover a autonomia política dos chefes africanos locais.

e) parceria entre as grandes potências europeias para deslocar populações africanas de áreas de conflito.

5. (UERJ)

A palavra "imperialismo", no sentido moderno, desenvolveu-se primordialmente na língua inglesa, sobretudo depois de 1870. Seu significado sempre foi objeto de discussão, à medida que se propunham diferentes justificativas para formas de comércio e de governo organizados. Havia, por exemplo, uma campanha política sistemática para equiparar imperialismo e "missão civilizatória".

Adaptado de: WILLIAMS, Raymond. *Um vocabulário de cultura e sociedade.* São Paulo: Boitempo, 2007.

No final do século XIX, os europeus defendiam seus interesses imperialistas nas regiões africanas e asiáticas, justificando-os como missão civilizatória.

Uma das ações empreendidas pelos europeus como missão civilizatória nessas regiões foi:

a) aplicação do livre-comércio.

b) qualificação da mão de obra.

c) padronização da estrutura produtiva.

d) modernização dos sistemas de circulação.

6. (Udesc-SC) O imperialismo, ou neocolonialismo, como também é conhecido, é constituído por práticas dos Estados Nacionais, que pretendem colocar-se como expansores de seus domínios, controlando outras nações supostamente imaginadas como mais frágeis e mesmo até menos civilizadas. Sobre o imperialismo das últimas décadas do século XIX, é **correto** afirmar que:

a) o Brasil foi colaborador da política imperialista na África.

b) os países latino-americanos, no final do século XIX, em sua maioria ainda colônias das metrópoles, também sofreram com o neocolonialismo.

c) os Estados Unidos foram o Estado mais ostensivo em sua política imperialista no período citado.

d) as investidas dos países europeus na expansão de seus domínios foram centradas sobretudo na África e Ásia.

e) Alemanha e Itália, países há muito tempo constituídos como Estados Nacionais, tiveram papel de destaque no imperialismo do final do século XIX.

7. (UERJ) O nível de concentração de renda em uma sociedade capitalista relaciona-se com as doutrinas econômicas que fundamentam as ações do Estado. Observe, no gráfico abaixo, a variação da participação da população que constitui o 1% mais rico na renda total nos Estados Unidos.

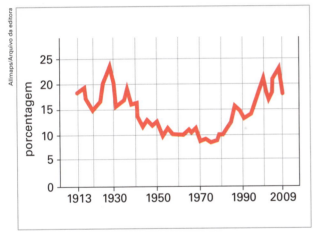

Mundo: geografia e política internacional, março de 2012.

Nos Estados Unidos, as doutrinas que predominaram na orientação das políticas públicas nos períodos de 1930 a 1980 e de 1980 a 2009 foram, respectivamente:

a) liberalismo – estatismo.

b) estruturalismo – classicismo.

c) fisiocratismo – institucionalismo.

d) keynesianismo – neoliberalismo.

8. (UERJ)

O ex-presidente do Banco Central americano disse ontem que "um tsunami do crédito que ocorre uma vez por século" tragou os mercados financeiros. Em audiência na Câmara dos Representantes dos EUA, frisou que as instituições não protegeram os investidores e aplicações tão bem como ele previa.

Adaptado de: *O Globo*, 24/10/2008.

A crise financeira que se intensificou no mundo a partir do mês de outubro de 2008 colocou em xeque as políticas neoliberais, adotadas por muitos países a partir da década de 1980.

A principal crítica ao neoliberalismo, como causador dessa crise, está relacionada com:

a) diminuição das garantias trabalhistas.

b) estímulo à competição entre as empresas.

c) reforço da livre circulação de mercadorias.

d) redução da regulação estatal da economia.

9. (UPE) O contrato social entre capital e trabalho, que fundamentou a estabilidade do modelo Keynesiano de crescimento capitalista, passou por um processo de reestruturação que define, atualmente, o capitalismo global. As afirmações a seguir contribuem para entender esse contexto, EXCETO a que se encontra na alternativa

a) Houve um aprofundamento da lógica capitalista de busca de lucro nas relações capital/trabalho por meio da transformação organizacional, com enfoque na flexibilidade.

b) A produtividade do trabalho e do capital aumentou consideravelmente com a velocidade e a eficiência da reestruturação, sob o comando da nova tecnologia da informação.

c) A produção, a circulação e os mercados foram globalizados, aproveitando a oportunidade das condições mais vantajosas para a realização de lucros em todos os lugares.

d) O apoio estatal foi direcionado para ganhos de produtividade e competitividade das economias nacionais, muitas vezes em detrimento da proteção social.

e) O informacionalismo foi dissociado da expansão e do rejuvenescimento do capitalismo e substituído pelo industrialismo nas regiões e sociedades de todo o mundo.

10. (Unimontes-MG)

A União Europeia admitiu discutir a suspensão temporária do acordo que permite a livre circulação de pessoas dentro dos países do bloco sem necessidade de apresentar passaporte nas fronteiras.

Jornal *Folha de S.Paulo*, 5/5/2011.

Considerando o texto, é possível inferir que

a) o cidadão europeu aceitará facilmente essa medida, considerando que a livre circulação é uma situação recente para eles dentro da União Europeia.

b) as crises econômicas que afetaram alguns países da União Europeia e a desigualdade de desenvolvimento motivam essa discussão.

c) a livre circulação de pessoas na União Europeia foi resultado de negociações do Parlamento Europeu e definida pelo Tratado de Frankfurt.

d) a união econômica e monetária, na evolução da União Europeia, antecedeu a livre circulação, fato que favoreceu sua definição.

11. (UPE) Observe a imagem a seguir.

Revista *Época*, 11 maio 2011.

As medidas para conter a atual crise financeira, anunciada na manchete acima, estão relacionadas a uma doutrina econômica, adotada por diversos países no mundo que apresenta algumas características. Sobre ela, analise as afirmativas a seguir:

I. Corresponde a políticas neoliberais, controladas por organismos, como o FMI e o Banco Mundial e tem como objetivo reduzir as barreiras aos fluxos globais de mercadorias e capitais e reduzir o controle estatal sobre o mercado, especialmente o financeiro.

II. É oriunda do pensamento keynesiano e marcada pelo aumento do papel regulador do Estado na economia, pelo incentivo à criação de empregos públicos estatais e pela redução da privatização de órgãos governamentais. Essa política econômica foi amplamente estimulada pelo Consenso de Washington.

III. Aprofunda a lógica capitalista pela busca de lucro nas relações capital/trabalho, aumenta a produtividade do trabalho e do capital e globaliza a produção, a circulação e os mercados, aproveitando a oportunidade das condições mais vantajosas para a realização de lucros em todos os lugares.

Apenas está correto o que se afirma em

a) I.   b) II.   c) I e II.   d) I e III.   e) III.

MÓDULO 13

Testes

1. (IFBA)

> Embora tenha suas origens mais imediatas na expansão econômica ocorrida após a segunda guerra e na revolução técnico-científica ou informacional, a globalização é a continuidade do longo processo histórico de mundialização capitalista.
> MOREIRA, João Carlos; SENE, Eustáquio de. *Geografia para o ensino médio: geografia geral e do Brasil*. São Paulo: Scipione, 2002. p. 3.

Com relação ao desenvolvimento do capitalismo, sua mundialização e globalização, é possível afirmar que:

a) Os tigres asiáticos começaram a se constituir como potências econômicas a partir da aplicação da política de bem-estar social e do taylorismo/fordismo como elementos dinamizadores de suas economias.

b) A constituição do MERCOSUL foi uma resposta político-econômica dos países da América Latina à perspectiva de constituição do NAFTA, uma vez que suas economias apresentam elevado grau de complementaridade e integração entre os setores primário, secundário e terciário.

c) A chamada terceira revolução científica e tecnológica vem contribuindo intensamente com a integração entre os mercados, uma vez que possibilita maior grau de flexibilidade aos capitais internacionais, inclusive na perspectiva de substituição do dinheiro de papel pelo dinheiro de plástico e virtual em tempo real.

d) Com a crise da economia americana, o valor das *commodities* agrícolas tem baixado seguidamente, contribuindo para atenuar a fome no Chifre da África.

e) A crise que assola a economia-mundo tem contribuído para alterar e inverter as relações entre os países na divisão internacional do trabalho, pois até a China passou a ser credora dos EUA.

2. (Vunesp-SP) Leia o trecho da música "Nois é jeca mais é joia" de Juranildes da Cruz e Xangai para responder à questão.

> *Se farinha fosse americana*
> *mandioca importada*
> *banquete de bacana*
> *era farinhada*
> *Andam falando que nóis é caipira*
> *qui nóis tem qui aprender ingrês*
> *qui nóis tem qui fazê xuxéxu fóra*
> *deixe de bestáge*
> *nóis nem sabe o português*
> *nóis somo é caipira pop*
> *nóis entra na chuva e nem móia*
> *meu ailoviú*
> *nóis é jéca mais é joia*
> *Tiro bicho do pé com canivete*
> *mais já tô na internet*
> *nóis é jéca mais é joia.*

Leia as afirmações.

I. Embora a difusão das redes de telecomunicação tenha viabilizado a propagação de uma cultura de massa, esse processo não significa o aniquilamento das culturas locais.

II. Os hábitos e os costumes locais foram substituídos por uma mesma forma cultural, produzida pela grande indústria e disseminada pelos meios de comunicação globalizados.

III. Os costumes locais e a produção da chamada cultura de massa evoluem paralelamente, sem que haja transformações nos hábitos e costumes locais.

Considerando a letra da música e o atual processo de globalização, é correto o que se afirma apenas em:

a) I.   b) II.   c) III.   d) I e II.   e) II e III.

3. (Ifal-AL) Reflita sobre a imagem e responda.

Sobre as principais definições da globalização, a única que está correta é:

a) É uma "economia mundo" que só integra as economias dos principais países capitalistas.

b) É um "sistema mundial" onde todos os países fazem parte e têm oportunidades iguais no mercado internacional.

c) É uma "aldeia global" onde não existem diferenças culturais, políticas ou econômicas.

d) É um "shopping center global" onde todos podem consumir, ter acesso à Internet, usufruir dos avanços tecnológicos e viver plenamente o mundo das relações virtuais.

e) É considerado um "mundo sem fronteiras", mas que aprofunda as desigualdades sociais entre as principais potências capitalistas e os países periféricos.

Texto para a próxima questão:

O mundo como fábula, como perversidade e como possibilidade

Vivemos num mundo confuso e confusamente percebido. Haveria nisto um paradoxo pedindo uma explicação? De um lado, é abusivamente mencionado o extraordinário progresso das ciências e das técnicas, das quais um dos frutos são os novos materiais artificiais que autorizam a precisão e a intencionalidade. De outro lado, há, também, referência obrigatória à aceleração contemporânea e todas as vertigens que cria, a começar pela própria velocidade. Todos esses, porém, são dados de um mundo físico fabricado pelo homem, cuja utilização, aliás, permite que o mundo se torne esse mundo confuso e confusamente percebido.

De fato, se desejamos escapar à crença de que esse mundo assim apresentado é verdadeiro, e não queremos admitir a permanência de sua percepção enganosa, devemos considerar a existência de pelo menos três mundos num só. O primeiro seria o mundo tal como nos fazem vê-lo: a globalização como fábula; o segundo seria o mundo tal como ele é: a globalização como perversidade; e o terceiro, o mundo como ele pode ser: uma outra globalização.

SANTOS, Milton. *Por uma outra globalização*: do pensamento único à consciência universal. Rio de Janeiro: Record, 2000, p. 17-18.

4. (UFF-RJ) A ideia da "globalização como fábula", destacada no Texto acima, torna-se ainda mais expressiva, se levarmos em conta certas definições de *fábula*, apresentadas no dicionário: *mitologia, lenda, narração de coisas imaginárias*.

Não resta dúvida de que se lida com a imagem de um mundo cada vez mais interconectado, mas de forma alguma "sem fronteiras".

Essa imagem, difundida nos tempos atuais, encontra seu principal fundamento no aspecto:

a) político, com o triunfo de regimes democráticos em continentes inteiros.

b) socioeconômico, com a redução das desigualdades entre os povos da Terra.

c) sanitário, com o êxito alcançado na prevenção das pan-epidemias.

d) financeiro, com a intensa circulação de capitais em nível planetário.

e) cultural, com a crescente unificação das crenças religiosas no mundo.

5. (PUC-PR) A globalização pode ser descrita como um conjunto de transformações na ordem política e econômica mundial que vem acontecendo nas últimas décadas.

São manifestações características da globalização, **EXCETO**:

a) A globalização aumentou a força/influência do Estado-Nação como poder regulador da vida econômica e social dos países.

b) A redefinição das relações políticas, econômicas e culturais entre os países modifica o papel e o significado das fronteiras nacionais.

c) A nova divisão internacional do trabalho permite que grandes conglomerados empresariais passem a exercer uma dominação crescente no setor industrial e de serviços.

d) Em virtude do processo de globalização, as grandes corporações passam a ter maior mobilidade espacial e maior capacidade competitiva.

e) É crescente a interligação e interdependência dos mercados financeiros em escala mundial.

6. (UFTM-MG) A organização do espaço geográfico através de redes de comunicação eliminou a necessidade de fixar as atividades econômicas num determinado lugar. Isso vale para um grande número de serviços, que podem ser prestados a partir de qualquer lugar do mundo para qualquer outro, bastando que estes locais estejam conectados.

Sobre essas redes de comunicação, é correto afirmar que:

a) eliminaram as restrições produtivas dos diferentes espaços geográficos, criando condições de trabalho igualitárias em todos os países do mundo.

b) contribuíram, pela velocidade da informação e diversidade de serviços, para a dispersão geográfica dos processos produtivos industriais, cujas etapas estão localizadas em diferentes países.

c) possibilitaram a disseminação dos lucros das empresas multinacionais, pela interligação de sistemas industriais de produção.

d) ampliaram as trocas no comércio internacional, mas não possibilitaram grandes transformações na organização do espaço geográfico mundial.

e) diminuíram, por sua ampliação, as desigualdades sociais entre os países, tendência mundial da atualidade.

7. (UFU-MG) O desenvolvimento científico e tecnológico vem possibilitando, nos últimos anos, o aumento de confiabilidade no tráfego de informações entre pessoas, corporações e governo em todo o mundo. Os satélites artificiais, a telefonia e a informática são os principais exemplos desse desenvolvimento.

Em termos econômicos, esse desenvolvimento é importante porque

a) o incremento tecnológico está sendo lucrativo, principalmente para os países em desenvolvimento, como o Brasil, que consegue atrair para o seu território a instalação de empresas de alta tecnologia, causando sérios prejuízos financeiros aos países sedes.

b) o avanço tecnológico possibilitou a criação do "dinheiro eletrônico" e do "mercado computadorizado", que funciona 24 horas por dia, movimentando bilhões de dólares no mercado nacional e internacional.

c) o volume de negócios feitos tem crescido de forma significativa em todo planeta, sendo mais lucrativo para as nações menos desenvolvidas que tinham dificuldades para divulgar e comercializar seus produtos.

d) o comércio virtual, considerado o de maior crescimento nos últimos anos no mundo, atualmente vem sendo a forma mais utilizada de compra de produtos que circulam entre países e entre regiões de países capitalistas.

8. (UFPA) Em 2010, a Câmara Municipal de Belém aprovou lei que autorizava a mudança do nome da Travessa Apinagés para o nome de um empresário local, que passou a identificar a referida travessa. Um dos principais mecanismos utilizados pela população para protestar contra essa lei foram as redes sociais.

As novas tecnologias e redes sociais, considerando o fato supramencionado, caracterizam-se por

a) apresentarem somente consequências negativas, alimentando ódios e disputas pelo poder, como no caso da mudança do nome da Travessa Apinagés.

b) constituírem instrumento para manifestações de protestos e para o fortalecimento das identidades locais, como ocorreu ao mudarem o nome da Travessa Apinagés.

c) servirem para agendar protestos, mas não surtem nenhum tipo de pressão sobre as atitudes arbitrárias do poder público.

d) fazerem com que a população, por não mais se interessar por política partidária, prefira protestar usando as redes sociais.

e) terem influência muito reduzida nas questões sociais do Brasil, pois a maior parte da população brasileira ainda não tem acesso à internet.

9. (PUC-RJ)

Cada vez mais o espaço é produzido por novos setores de atividades econômicas como a do turismo, e desse modo praias, montanhas e campos entram no circuito da troca, apropriadas, privativamente, como áreas de lazer para quem pode fazer uso delas.

CARLOS, Ana Fani Alessandri, 1999.

A imagem a seguir localiza ilhas artificiais no Golfo Pérsico, em Dubai, Emirados Árabes Unidos, onde se encontram alguns complexos turísticos.

Palm Islands e The World. Disponível em: <http://earthobservatory.nasa.gov?NewImages/Images.php3?img_id=17435>.

A partir das informações acima, assinale a alternativa **INCORRETA**.

a) A indústria do turismo, na fase atual do desenvolvimento do capitalismo, cria espaços muitas vezes desvinculados de identidades locais.

b) O desenvolvimento da indústria do turismo na era da globalização deixa em evidência a divisão social do lazer.

c) A construção dos grandes complexos hoteleiros em Dubai, no Golfo Pérsico, está condicionada à sua localização estratégica em relação à rota de escoamento da produção petrolífera do Oriente Médio.

d) A expansão do turismo, nos moldes dos megaprojetos hoteleiros em escala internacional, foi beneficiada pelo desenvolvimento dos transportes e das telecomunicações.

e) Os grandes complexos hoteleiros em Dubai criam novas possibilidades de lazer inacessíveis para a maioria da população dos Emirados Árabes Unidos e países vizinhos.

10. (UEPB) Na matéria de Acácia Corrêa publicada na revista Atualidades (1º semestre de 2011) com o título "O ditador do Egito é pop", a autora faz uma leitura da representação dos políticos através da pop arte, e compara a imagem publicitária divulgada durante a campanha de Barack Obama à presidência dos Estados Unidos com um cartaz de oposição ao ditador egípcio Hosni Mubarak, exibido durante as manifestações pela sua deposição ao cargo de presidente.

Revista *Atualidades*. São Paulo: Abril, 2011. p. 18 e 19.

A observação e comparação entre as duas figuras nos oferece outras leituras do mundo atual, tais como:

I. O fato de o presidente Obama ser de origem árabe o torna uma liderança nos países islâmicos, a cuja imagem os governantes desses países querem estar associados.

II. O inglês se tornou a língua do mundo globalizado, através da qual se dá a comunicação da chamada "aldeia global", tanto em termos econômicos quanto em protestos.

III. A globalização, embora não apague as diferenças espaciais, consegue, através dos meios de comunicação, difundir rapidamente acontecimentos que ocorrem em determinados lugares e afetar a opinião pública de outras partes do mundo. O uso da imagem é cada vez mais persuasivo e uniforme nas diversas culturas.

IV. A arte, ao se aliar à política e fazer o jogo do poder, perde seu papel questionador e revolucionário, do qual sempre foi portadora. A pop arte, ao igualar as imagens de pessoas famosas a qualquer produto comercial, leva para as massas o culto à imagem.

Estão corretas apenas

a) as proposições I, III e IV.

b) as proposições III e IV.

c) as proposições I e II.

d) as proposições II e III.

e) as proposições II, III e IV.

11. (UFPR) A rede de fast-food McDonald's existe desde os anos 1950, mas somente a partir dos anos 1980 se tornou um dos símbolos do capitalismo norte-americano globalizado. Juntamente com o seu famoso sanduíche Big Mac, vendido mundialmente, a empresa também é conhecida por produzir sanduíches e pratos adaptados ao gosto regional de cada país: na Índia, onde a vaca é um animal sagrado, existe o McCurry Pan, nas versões vegetariana e com frango; na Indonésia e em Taiwan, é vendido o McRice Burger, um sanduíche que substitui o pão por massa à base de arroz; em Israel, existe o McShwarma, um sanduíche kosher (que segue os padrões religiosos judaicos de preparação de alimentos); dentre vários exemplos.

Considere as afirmativas abaixo sobre o caráter da globalização associado a essa estratégia do McDonald's:

1. No caso do McDonald's, a globalização também é conhecida como "glocalização" – a articulação entre a oferta global de produtos e o preenchimento de demandas locais.

2. Nesse caso específico, a rede norte-americana oferece produtos regionais para facilitar sua aceitação em países tradicionalmente inimigos dos Estados Unidos, permitindo que a população reveja suas resistências.

3. A adaptação do cardápio norte-americano aos gostos locais é um exemplo da complexa relação que a globalização estabelece no cotidiano das pessoas em várias partes do mundo, tornando questionável a ideia de que esse fenômeno representaria somente a homogeneização ou americanização dos costumes.

4. Os exemplos citados mostram o esforço da rede norte-americana em competir com a culinária local, oferecendo opções mais baratas e saudáveis para seus consumidores, a fim de ampliar seu mercado.

Assinale a alternativa correta.

a) Somente a afirmativa 1 é verdadeira.

b) Somente a afirmativa 4 é verdadeira.

c) Somente as afirmativas 2 e 4 são verdadeiras.

d) Somente as afirmativas 1 e 3 são verdadeiras.

e) Somente as afirmativas 2 e 3 são verdadeiras.

MÓDULO 14

1. (Fuvest-SP)

Pela primeira vez na história da humanidade, mais de 1 bilhão de pessoas, concretamente 1,02 bilhão, sofrerão de subnutrição em todo o mundo. O aumento da insegurança alimentar que aconteceu em 2009 mostra a urgência de encarar as causas profundas da fome com rapidez e eficácia.

Relatório da Organização das Nações Unidas para a agricultura e alimentação [FAO], primeiro semestre de 2009.

Tendo em vista as questões levantadas pelo texto, é correto afirmar que:

a) a principal causa da fome e da subnutrição é a falta de terra agricultável para a produção de alimentos necessários para toda a população mundial.

b) a proporção de subnutridos e famintos, de acordo com os dados do texto, é inferior a 10% da população mundial.

c) as principais causas da fome e da subnutrição são disparidades econômicas, pobreza extrema, guerras e conflitos.

d) as consequências da subnutrição severa em crianças são revertidas com alimentação adequada na vida adulta.

e) o uso de organismos geneticamente modificados na agricultura tem reduzido a subnutrição nas regiões mais pobres do planeta.

2. (UCS-RS) Embora, com base no PIB (Produto Interno Bruto), apurado pelo FMI (Fundo Monetário Internacional), o Brasil esteja entre os dez primeiros países na economia mundial, na classificação baseada no IDH (Índice de Desenvolvimento Humano), que varia em uma escala de 0 a 1, ele está na 20ª posição no *ranking* da América Latina, cuja primeira posição pertence ao Chile. O PNUD (Programa das Nações Unidas para o Desenvolvimento) estabeleceu, em 2011, que os 47 países com o maior IDH são Países de Desenvolvimento Humano Muito Elevado. O último colocado nessa classificação atingiu IDH igual a 0,793.

A tabela a seguir apresenta dados do IDH, constantes no relatório do Desenvolvimento Humano de 2011, do PNUD.

	País	IDH
1º	Noruega	0,943
2º	Austrália	0,929
3º	Holanda	0,910
4º	Estados Unidos	0,910
5º	Nova Zelândia	0,908
6º	Canadá	0,908
⋮	⋮	⋮
44º	Chile	0,805
⋮	⋮	⋮
73º	Venezuela	0,735
⋮	⋮	⋮
84º	Brasil	0,718
⋮	⋮	⋮
187º	República Democrática do Congo	0,286

Adaptado de: <www.redeacqua.com.br>. Acesso em: 5 ago. 2014.

Considerando as informações do texto e da tabela acima, assinale a alternativa correta.

a) Os continentes em que o país com o IDH mais elevado e o país com o IDH mais baixo estão localizados são, respectivamente, Europa e Ásia.

b) A Nova Zelândia, que está entre os cinco países com o maior IDH, encontra-se no continente africano.

c) A diferença entre o IDH do Brasil e o IDH do país da América do Sul com maior desenvolvimento humano é de 0,87%.

d) Mantido o IDH dos demais países, se o Brasil tivesse atingido mais 0,076 pontos, teria sido classificado como País de Desenvolvimento Humano Muito Elevado.

e) Entre os países da América Latina com maior IDH, estão o Chile e a Venezuela, que são as duas únicas nações da América do Sul a não fazerem divisa com o Brasil.

3. (Unioeste-PR) Ao se estudar as fases do processo de desenvolvimento do capitalismo percebe-se que este não se deu de forma igual em todos os países do mundo. Como um dos resultados desse desenvolvimento desigual tem-se os países classificados como "desenvolvidos" e "subdesenvolvidos". Sabe-se, também, que somente índices econômicos não são suficientes para compreender se um país possibilita boa qualidade de vida para a população ou não. Por isso foi desenvolvido, pelo Programa das Nações Unidas para o Desenvolvimento (PNUD), o Índice de Desenvolvimento Humano (IDH).

Analisando as afirmativas seguintes, que se referem ao IDH, assinale a alternativa correta.

a) Varia de 0 a 10,0.

b) Quanto mais próximo de 0, melhor a qualidade de vida da população.

c) Não consegue mostrar a evolução das desigualdades sociais entre os países.

d) Segundo esse índice os países podem ser classificados como de alto IDH (maior que 0,5) e os de baixo IDH (menor que 0,5).

e) Considera, em seus cálculos, a expectativa de vida, níveis de educação e renda (através do PIB *per capita*), que são consideradas as três dimensões básicas de desenvolvimento humano de uma sociedade ou país.

4. (Feevale-RS)

O relatório do Desenvolvimento Humano 2011, divulgado nesta quarta-feira (2) pelo Programa das Nações Unidas para o Desenvolvimento (Pnud), classifica o Brasil na 84ª posição entre 187 países avaliados pelo índice.

Disponível em: <http://g1.globo.com/brasil/noticia/2011/11/brasil-ocupa-84-posicao-entre-187-paises-no-idh-2011.html>. Acesso em: 5 ago. 2014.

Sobre o IDH (Índice de Desenvolvimento Humano), que pesquisa a qualidade de vida das populações, e os resultados deste ano, são feitas algumas afirmações.

I. A Noruega, neste ano, ocupa a 1ª posição do *ranking*.

II. O Brasil está no grupo dos países considerados de desenvolvimento humano elevado, tendo os melhores indicadores da América Latina.

III. O IDH analisa dados referentes à renda, saúde e escolaridade. No caso brasileiro, a média de escolaridade da população não chega ao Ensino Fundamental completo.

Marque a alternativa correta.

a) Apenas a afirmação I está correta.

b) Apenas as afirmações I e II estão corretas.

c) Apenas as afirmações I e III estão corretas.

d) Apenas as afirmações II e III estão corretas.

e) Todas as afirmações estão corretas.

5. (FGV-RJ)

De acordo com o jornal argelino Liberté, *uma embarcação com espanhóis foi interceptada, em abril, ao tentar atracar irregularmente na Argélia. Segundo a reportagem, quatro jovens imigrantes tinham perdido seus empregos na Espanha e se dirigiram a Orã, cidade no litoral mediterrâneo da Argélia, em busca de novas fontes de trabalho. Com o pedido de visto negado, o grupo foi interceptado pela guarda costeira argelina, durante uma tentativa de entrada irregular no país africano.*

Opera Mundi. Disponível em: <http://operamundi.uol.com.br/conteudo/noticias/23124/guarda+costeira+da+argelia+interceptou+barco+com+imigrantes+espanhois+diz+jornal.shtml>. Acesso em: 5 ago. 2014.

Sobre o assunto da reportagem, é CORRETO afirmar:

a) A crise europeia, que repercute intensamente na Espanha, vem gerando uma nova tendência nos movimentos migratórios: a fuga de mão de obra da zona do euro.

b) Dentre todas as ex-colônias africanas da Espanha, a Argélia é a que mais recebe imigrantes europeus.

c) A interceptação do bote espanhol é inusitada, posto que a entrada de imigrantes africanos em território espanhol vem aumentando significativamente nos últimos meses.

d) A reportagem trata de um incidente isolado, pois a Espanha registra uma das mais baixas taxas de desemprego da Europa.

e) Na maior parte dos casos, os jovens espanhóis que deixam o país não possuem educação formal ou qualquer tipo de qualificação.

6. (UEG-GO) Observe o mapa a seguir.

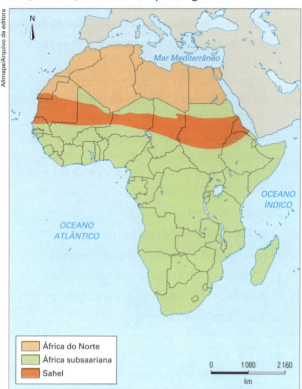

ALMEIDA, Lúcia Marina Alves de; RIGOLIN, Tércio Barbosa. *Geografia: geografia geral e do Brasil.* São Paulo: Ática, 2002. p. 310.

Com base nos conhecimentos e na observação do mapa da África, é correto afirmar:

a) o Saara, o mais extenso deserto do planeta, estende-se do Mar Vermelho ao Atlântico, e compõe a maior região da África do Sul.

b) a maior parte do continente africano corresponde à África subsaariana, sendo essa região marcada por guerras civis, pobreza e fome.

c) a África subsaariana é banhada pelo Mediterrâneo e reúne os países de população branca e islâmica; entre os países que a compõem podem ser citados o Egito e a Líbia.

d) a principal característica da chamada África subsaariana é a ausência de recursos minerais, agravando a situação de miséria dessa região do continente e impossibilitando seu desenvolvimento.

7. (FGV-SP) Leia o depoimento de um advogado congolês.

O problema não é quem é o comprador mais recente de nossas commodities. A China está assumindo o lugar do Ocidente: ela leva embora nossas matérias-primas e vende produtos acabados ao mundo. O que os africanos estão recebendo em troca – estradas, escolas ou produtos industrializados – não importa. Continuamos no mesmo esquema: nosso cobalto parte para a China como minério em pó e retorna na forma de pilhas que custam caro.

Adaptado de: *Exame Ceo*, jun. 2010. Ed. 6.

O depoimento apresenta como tema central:

a) a possibilidade de o continente africano sofrer novo colonialismo.

b) a necessidade de a África voltar à esfera de influência do Ocidente.

c) o atual papel da África na Divisão Internacional do Trabalho.

d) a ampliação das diferenças econômicas entre os países africanos.

e) a valorização dos produtores de *commodities* no mercado mundial.

MÓDULO 15

1. (UEPB) Embora a origem dos primeiros Estados seja muito antiga, sua formação e seus objetivos variaram ao longo dos séculos. Sobre a criação dessa instituição de controle do território é possível afirmar:

I. O Estado moderno, tal como o conhecemos hoje e cujo berço foi a Europa ocidental, teve sua origem com a centralização de poder através das monarquias absolutistas e do apoio dado pela burguesia.

II. A globalização proporcionou a crise do Estado-nação e sua destruição frente a uma nova organização territorial do mundo em blocos econômicos, os quais reúnem vários países em um só bloco.

III. O fim da Guerra Fria possibilitou o reaquecimento dos sentimentos nacionalistas e a formação de novos Estados nacionais bem como a luta de algumas nacionalidades pela soberania de seus territórios, o que mostra que o mapa-múndi ainda pode ser redesenhado.

IV. A unificação dos Estados-nacionais se processou em meio à diversidade étnica e cultural dos territórios, o que exigiu dos poderes constituídos a construção do sentimento de pertencimento e de identidade nacional.

Estão corretas apenas as proposições

a) II e III.
b) II, III e IV.
c) II e IV.
d) I, II e III.
e) I, III e IV.

2. (UFTM-MG) A ordem mundial baseada na bipolaridade foi desmontada durante os anos 1990. Com o término da Guerra Fria, compôs-se um novo cenário político, econômico e social, no qual

a) as zonas de tensão foram controladas pelas políticas monetárias da União Europeia.

b) as chamadas forças de paz da Organização das Nações Unidas (ONU) realizaram, junto ao exército russo, operações militares nos países aliados ao regime soviético.

142

c) os conflitos étnico-culturais e religiosos deram lugar ao enfrentamento entre Estados nacionais.

d) a nova ordem mundial restabeleceu um período de paz e solidariedade entre os povos.

e) os conflitos deixaram de ter a conotação ideológica capitalismo *versus* socialismo.

3. (UEG-GO) No dia 13 de agosto de 2011, completou-se 50 anos do início da construção do Muro de Berlim, que separou a Alemanha Oriental da Alemanha Ocidental. O contexto histórico que explica a construção do muro foi

a) o do Pacto de Varsóvia, que levou os países socialistas a erigirem uma verdadeira "cortina de ferro" para impedir uma possível invasão ocidental.

b) o do Plano Marshall, que provocou a recuperação econômica da Alemanha Ocidental, atraindo pessoas do lado comunista.

c) o da Segunda Guerra, que levou o exército alemão a construir uma barreira para impedir o avanço dos Aliados no desembarque da Normandia.

d) o do Tratado da OTAN, que motivou os países capitalistas a tentarem estancar a expansão do socialismo para a Europa Ocidental.

4. (UFPE) Observe com atenção a imagem a seguir.

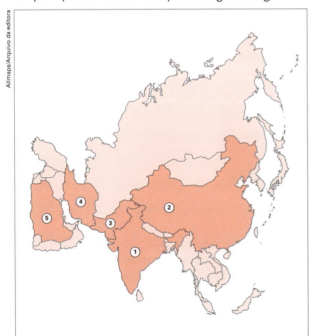

Figura esquemática para efeitos ilustrativos.

Com relação às áreas indicadas pelos números de 1 a 5, podemos afirmar que:

( ) O país 1, durante o período de verão boreal, é atingido por pesados aguaceiros, às vezes catastróficos, com graves consequências socioeconômicas; esses aguaceiros são determinados por fluxos de ar que se deslocam de sul para o norte.

( ) O país 2 adota o modelo político de Partido Único, com forte predominância do Estado sobre as atividades econômicas, contudo nele foram criadas Zonas Econômicas Especiais, abertas a investimentos estrangeiros e com certo incentivo à propriedade privada no campo.

( ) O país 3 foi incorporado, no século XIX, às possessões britânicas da Índia. Apresenta conflitos étnicos e rivalidades religiosas. Na parte norte do país, há um trecho da Cordilheira do Himalaia.

( ) O país 4 adota, ainda, o modelo político socialista marxista, com proibição da propriedade privada dos meios de produção. Na década de 1970, as milícias do Khmer Vermelho assumiram o controle do país, voltando-se a produção inteiramente para as áreas agrícolas.

( ) O país 5 está situado na placa litosférica euroasiática. Os terrenos dessa placa são muito ricos em petróleo, daí a posição geopolítica estratégica assumida pelo país no contexto mundial.

5. (UERN) Leia.

Alguma coisa está fora da ordem
Fora da nova ordem mundial
Alguma coisa está fora da ordem
Fora da nova ordem mundial.

(Caetano Veloso)

A música "Fora da ordem" foi composta por Caetano Veloso e lançada no disco *Circuladô* (1991), já fazendo uma previsão de alguns acontecimentos internacionais, não estando de acordo com a ordem mundial vigente. Dentre as coisas que estão "fora da ordem", está

a) a criação de blocos econômicos.

b) a unificação das Alemanhas.

c) a guerra do Iraque.

d) o fortalecimento do capitalismo.

6. (Cefet-RJ) A charge abaixo brinca com o olhar geopolítico dos Estados Unidos sobre o mundo, na qual fica evidente o caráter pejorativo.

O termo "bêbados derrotados" para se referir à Rússia

a) relaciona-se à reação xenófoba da população dos Estados Unidos às migrações em massa de trabalhadores russos para os EUA após o fim do socialismo, taxando-os como beberrões e sem qualificação profissional.

b) refere-se ao fim da Guerra Fria, quando a URSS, derrotada frente à superioridade militar dos Estados Unidos, é obrigada por este país a se desfazer de todo seu arsenal nuclear.

c) faz referência ao excessivo consumo de *vodka* por parte da cúpula do partido comunista soviético, principal causa do fim do socialismo e da própria desintegração da antiga URSS.

d) faz referência à supremacia do capitalismo estabelecida com a crise do socialismo, sistema socioeconômico dominante neste país durante a maior parte do século XX.

7. (UEPA) Os países emergentes Brasil, Rússia, China, Índia e África do Sul (incluída recentemente) formam um grupo conhecido pela sigla BRICS, apresentam em comum uma economia estabilizada recentemente e níveis de produção e exportação em crescimento. A projeção de futuro dessas nações emergentes é que serão desenvolvidas e determinantes para a economia do planeta. Porém a presença de fatores limitantes nesses lugares pode dificultar essa projeção. Neste contexto, é correto afirmar que:

a) no caso da China, seus fatores limitantes estão relacionados ao crescimento vegetativo negativo da população chinesa, fato esse que estimula o Estado a incentivar o aumento do número de nascidos e aos danos ambientais que o crescimento econômico chinês tem proporcionado ao meio ambiente.

b) a Índia, por sua vez, apresenta como um dos fatores limitantes a barreira estrutural da sociedade, pois devido à grande discriminação por castas, embora oficialmente abolida, uma parcela importante da população indiana fica limitada ao mercado de trabalho.

c) o Brasil é o que apresenta vastos recursos naturais, qualidade na educação, saúde e infraestrutura. Seu fator limitante está relacionado ao reduzido número de impostos cobrados a população que contribui para o aumento da desigualdade social.

d) a Rússia, país de reduzido território, apresenta como fator limitante a pobreza de seus recursos naturais, especialmente energéticos, se comparado aos demais participantes do grupo.

e) o Brasil, a Rússia, a Índia, a China e a África do Sul investem em setores de infraestrutura (portos, aeroportos, estradas, ferrovias, usinas hidrelétricas), porém esses apresentam em comum um fator limitante a exclusão digital, já que o acesso de seus habitantes aos sistemas de comunicação, a exemplo de celulares e internet, é cada vez menor.

8. (UERJ)

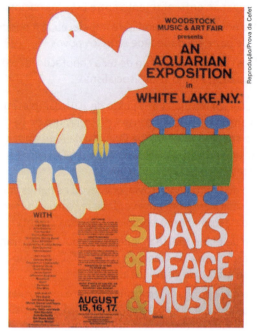

Disponível em: <woodstock-memories.com>.

Na década de 1960, muitas expressões artísticas representaram uma postura crítica frente a problemas da época, em especial os conflitos da Guerra Fria. Um exemplo é o Festival de Woodstock, ocorrido em 1969 nos EUA, em cujo cartaz se lê "Três dias de paz e música".

Nesse contexto da década de 1960, destacava-se a denúncia sobre:

a) presença soviética na China.
b) intervenção militar no Vietnã.
c) dominação europeia na África do Sul.
d) exploração econômica no Oriente Médio.

MÓDULO 16

Testes

1. (Uepa) Hoje, na sociedade globalizada, vivemos um tempo de expectativas, de crises políticas, econômicas e de outras origens e de extrema violência. É um momento cheio de possibilidades, de desafios para se refletir e praticar um novo saber e de apresentar novas ideias. Estas questões são presentes no cotidiano contemporâneo ao lado de um arrojado desenvolvimento tecnocientífico, que muitas vezes perde a função de busca do sentido para a vida, o destino humano, da utilização do conhecimento para benefício da humanidade. Nesse sentido, é verdadeiro afirmar que:

a) o avanço das inovações tecnológicas e modificações no desempenho das relações de produção, o papel desempenhado pela ciência e pela tecnologia passou a ser mais significativo, elevando a produtividade e melhorando a qualidade de vida das populações dos países periféricos, contribuindo também para a diminuição das divergências étnicas e políticas antes intensas nessas populações.

b) os investimentos maciços em novas tecnologias atingiram de forma intensa a indústria bélica tornando mais cruéis e violentas as guerras entre povos e/ou nações rivais em diferentes locais, fato evidenciado nos conflitos que têm ocorrido no Oriente Médio, Região do Cáucaso e norte da África.

c) no panorama mundial, os recentes avanços tecnológicos e o controle de novas técnicas por uma pequena parcela da sociedade estão gerando uma nova configuração, um novo recorte, no jogo de poder entre as nações plenamente capitalistas. Neste aspecto, nota-se a emergência e consolidação tecnológica e econômica de alguns países asiáticos a exemplo da China e Índia, ambos considerados líderes no avanço informacional.

d) ocorre maior oferta de empregos nos países europeus tecnologicamente desenvolvidos, absorvendo grande parte da massa dos imigrantes africanos, antes considerados excluídos do mercado de trabalho com eliminação do forte e violento movimento xenofóbico que reinava em grande parte da Europa.

e) o avanço das inovações tecnológicas provocou o surgimento dos excluídos digitais, pessoas que não têm noção do que é Internet e grande dificuldade de absorção no mercado de trabalho, embora tal fato tenha diminuído significativamente nos últimos anos, notadamente na África Subsaariana.

2. (UEPB) Observe o cartograma do continente africano e com auxílio do mesmo assinale com V ou F as proposições, conforme sejam respectivamente Verdadeiras ou Falsas.

( ) No norte da África localizam-se países cujos territórios encontram-se predominantemente no deserto do Saara; são de cultura árabe e em 2011 surpreenderam o mundo com as fortes pressões populares exigindo reformas políticas, movimento que ficou conhecido como a "Primavera Árabe".

( ) O Sahel é uma faixa de clima semiárido que margeia o Saara, mas também delimita a África Branca da África Subsaariana (negra), região que concentra os países mais pobres do mundo, com aterrorizador histórico de conflitos étnicos e instabilidades políticas, legado do colonialismo europeu.

( ) O Sudão do Sul, independente em 2011, se constitui no mais novo e rico dos países integrantes do Magreb, por ser grande produtor de petróleo e ter ficado com toda a infraestrutura de exportação petrolífera, após a separação do Sudão, além de apresentar os melhores indicadores de desenvolvimento humano do continente.

( ) A configuração territorial dos países africanos, com suas fronteiras em grande parte retilíneas, expressa a partilha artificial do continente pelas nações europeias, que separou povos de mesma cultura e juntou artificialmente etnias inimigas, originando sangrentos conflitos separatistas e xenofóbicos que devastam a África desde o processo de descolonização, em especial a Subsaariana.

A sequência correta das assertivas é:

a) V – F – F – V
b) V – V – F – V
c) F – V – F – V
d) F – F – F – V
e) V – V – V – F

3. (Cefet-MG)

O país nasce a partir de um acordo de paz firmado em 2005, após 12 anos de uma guerra civil que deixou 1,5 milhão de mortos. Apesar de possuir grandes reservas de petróleo, ele surge como um dos Estados mais pobres do mundo. Sua independência está sendo celebrada sem que as fronteiras entre o sul e o norte já estejam completamente definidas.

Adaptado de: <www.advivo.com.br/blog/fernando-augusto-botelho-rj/o-sudao-do-sul-e-agora-a-mais-jovem-nacao-do-mundo>. Acesso em: 5 ago. 2014.

Nesse contexto, as informações referem-se à criação da(o)

a) Líbia do Sul.
b) Etiópia do Sul.
c) Sudão do Sul.
d) Somália do Sul.

4. (Cefet-MG)

Este pássaro é melhor que nós, é capaz de voar, se mexer, ir para onde quiser. Nós somos seres humanos, queremos viver nossa vida como os outros, mesmo se vivermos na pobreza, a pão e cebola, se pudermos pelo menos sair dessa cerca, ou remover essa cerca. Se você pode nos ajudar tire essa cerca e nos deixe viver uma vida de liberdade e conforto, e nossa moral vai melhorar. O que é a vida nesse acampamento? Por quê? Quando o morto morre, é enterrado, e nós estamos mortos, mas vivendo neste planeta. Quando as pessoas acabam no deserto, para onde mais se pode ir?"

Ningum lugar donde ir. Direção: Adam Shapiro; Perla Issa. 2006.

No contexto geopolítico atual, é correto afirmar que o relato refere-se à população

a) confinada em centros de detenção de imigrantes no sul dos Estados Unidos.

b) encarcerada pelas milícias ilegais nos alojamentos subterrâneos afegãos.

c) afetada pelas práticas violentas de xenofobia nos países europeus.

d) expulsa das áreas produtivas das colinas do Curdistão.

e) refugiada dos conflitos políticos no Oriente Médio.

5. (Cefet-MG)

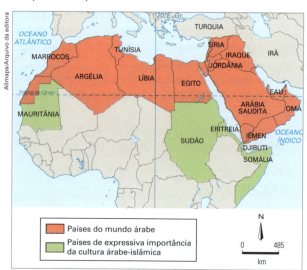

Adaptado de: BONIFACE, P; VÉDRINE, H. Atlas do mundo global. São Paulo: Estação Liberdade, 2009.

Sobre a região cartografada, afirma-se que

I. dispõe de estabilidade econômica.

II. representa o berço da "Primavera Árabe".

III. apresenta homogeneidade cultural e religiosa.

IV. caracteriza-se por expressivas reservas de petróleo no seu conjunto.

Estão corretas apenas as afirmativas

a) I e II.
b) I e III.
c) II e III.
d) II e IV.
e) III e IV.

6. (UPE) Sobre o contexto geopolítico, apresentado na figura a seguir, é CORRETO afirmar que

CartoonArt International. Disponível em: <www.nytsyn.com/cartoons>.

a) os Estados Unidos da América pretendem reforçar o regime absolutista da Turquia, país que está situado no limite entre a Europa e a Ásia e vem enfrentando uma série de críticas do Mercosul sobre a falta de respeito às liberdades públicas.

b) Israel, Arábia Saudita, Síria, Jordânia e Turquia são países aliados militares dos Estados Unidos e promovem, em conjunto, uma geopolítica de enfrentamento ao território Curdo que briga pelo uso das águas dos rios Tigre e Eufrates.

c) os países, literalmente referidos na figura, localizam-se no Oriente Médio e possuem grande importância econômica e geoestratégica. Essa região é de grande interesse de potências mundiais, além de apresentar, de forma geral, conflitos religiosos, sociais e territoriais.

d) Israel, Arábia Saudita, Síria, Jordânia e Turquia concentram parte das reservas mundiais de petróleo e também de gás natural, razões pelas quais esses países de tradição islamita se unem politicamente contra os Estados Unidos.

e) a Jordânia é o único país do Oriente Médio onde a água é foco de disputas e, até, de conflitos militares. Com o crescimento econômico e a expansão da agricultura, esse país vem recebendo apoio incondicional dos Estados Unidos.

7. (UERN)

Uma série de revoltas se alastrou por países árabes este ano, e já derrubou três governos no norte da África: Tunísia (em janeiro), Egito (fevereiro) e Líbia (agosto). A professora Vânia Carvalho Pinto, da UnB, ressalta que nenhum dos três é uma monarquia – onde os soberanos têm outras fontes de legitimidade, inclusive descenderem de Maomé. 'A única que sofreu uma ameaça séria é o Bahrein, onde a revolta da maioria xiita foi suprimida com ajuda da Arábia Saudita'.

Disponível em: <www.estadao.com.br/noticias/>. Acesso em: 5 ago. 2014.

O fato relatado teve início em dezembro de 2010, quando um jovem tunisiano, desempregado, ateou fogo ao próprio corpo como manifestação contra as condições de vida no país. Ele não sabia, mas o ato desesperado, que terminou com a própria morte, seria o pontapé inicial do que viria a ser chamado mais tarde de primavera

a) tunisiana.
b) islâmica.
c) árabe.
d) muçulmana.

8. (UFG-GO) Analise o mapa a seguir.

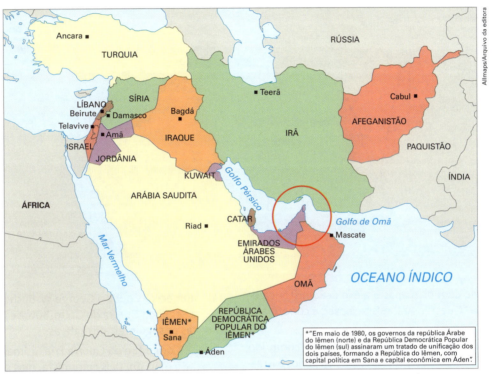

Adaptado de: SIMIELLI, M. E. *Geoatlas*. 4ª ed. São Paulo: Ática, 1990. p. 49.

As tensões no Oriente Médio se dão em larga medida devido às disputas pelo controle de uma pequena área de extrema importância estratégica, a qual é rota de passagem entre o Golfo de Omã e o Oceano Índico e abrange águas territoriais do Irã, de Omã e dos Emirados Árabes Unidos. Essa área, circulada no mapa, é o

a) Estreito de Tiran, principal ligação de Israel com o mar Vermelho.
b) Estreito de Gibraltar, cujo fluxo de embarcações é elevado.
c) Estreito de Ormuz, por onde passa boa parte da produção de petróleo do mundo.
d) Estreito de Bering, importante ponto de ligação entre a Ásia e a América.
e) Estreito de Bósforo, que facilita o comércio entre a Ásia e a África.

9. (UFRGS-RS) Considere o enunciado a seguir e as três propostas para completá-lo.

A Guerra do Yom Kippur, ocorrida entre Israel e os países árabes, em outubro de 1973, levou o cartel da OPEP – Organização dos Países Exportadores de Petróleo – a reduzir a produção de petróleo mundial, até então abundante e barato, fato que ocasionou a primeira grande crise energética do Ocidente.

Esse acontecimento

I. provocou uma forte crise nos países industrializados, que dependiam do combustível fóssil.
II. inibiu uma política de diversificação e de busca de alternativas energéticas para superar a grande dependência do "ouro negro".
III. aumentou o preço do barril de U$3 para U$12 em menos de três meses.

Quais propostas estão corretas?

a) Apenas I.
b) Apenas II.
c) Apenas I e III.
d) Apenas II e III.
e) I, II e III.

147

10. (Mackenzie-SP) Observe a sequência de mapas para responder a questão.

A partilha da Palestina (1947)

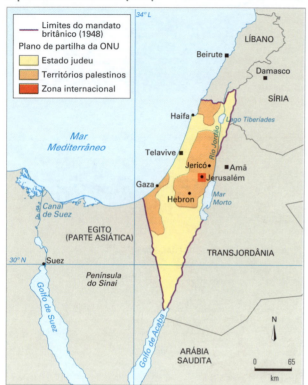

Israel ao fim da Guerra dos Seis Dias (1967)

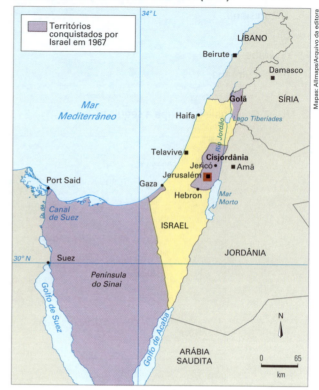

Kinder, H; Hilgemann, W. *Atlas histórico mundial.*

De acordo com os mapas e a evolução histórica da chamada "Questão Árabe-Israelense", é correto afirmar que

a) o acordo de Paz de 1994 foi plenamente cumprido. As eventuais divergências entre palestinos e israelenses partem de grupos minoritários dos dois lados que não representam maiores consequências para a segurança da região.

b) o território governado pela Autoridade Nacional Palestina que abriga a Cisjordânia goza de plena autonomia. Trata-se de um Estado soberano recentemente reconhecido pela ONU e pelo Estado de Israel.

c) o Hamas é um grupo extremista israelense que, ao desferir ataques a partir da Faixa de Gaza, contribui para dificultar um diálogo de paz entre os dois lados em conflito.

d) a manutenção das colônias israelenses na Cisjordânia e o controle dos recursos hídricos do rio Jordão estão entre os pontos de divergência dos lados em conflito.

e) os conflitos entre israelenses e palestinos derivam do fanatismo religioso islâmico e não têm qualquer relação com interesses territoriais.

11. (Ibmec-RJ) Coube a George W. Bush iniciar, em 2003, a Segunda Guerra do Golfo. Sobre esse tema são feitas as seguintes afirmativas:

I. Com o fim da Guerra Fria, o "maior inimigo" não é mais um país comunista, mas sim um que estimula o terrorismo;

II. A existência, no Iraque, de armas de destruição em massa (ADMs) foi um dos pretextos norte-americanos para justificar a invasão;

III. Diferentemente do que ocorrera na Primeira Guerra do Golfo, houve por parte da ONU apoio total ao intervencionismo dos Estados Unidos.

Assinale:

a) se apenas a afirmativa I for correta;

b) se apenas a afirmativa II for correta;

c) se apenas a afirmativa III for correta;

d) se as afirmativas I e II forem corretas;

e) se as afirmativas II e III forem corretas.

Respostas

Exercícios propostos

MÓDULO 1

Testes

1. A
2. B
3. B
4. F – V – V – F – F
5. B

Questão

6. A paisagem natural é composta de elementos naturais da atmosfera, litosfera, hidrosfera e biosfera, sendo fruto da inter-relação de elementos como as formas de relevo, os solos, os tipos climáticos, as formações vegetais, a hidrografia, entre outros. A interação entre esses elementos naturais oferece uma vasta gama de possibilidades de relações e, portanto, de diferenciação das paisagens. O tipo de clima dominante em uma região define o tipo de solo e permite o desenvolvimento de determinado tipo de vegetação característico dessa paisagem natural. Por exemplo, o clima tropical permite o desenvolvimento da floresta tropical, como a Mata Atlântica no Brasil, em solos profundos, resultantes da elevada intemperização.

MÓDULO 2

Testes

1. B
2. A
3. C
4. E
5. B
6. E
7. A

Questão

8. a) Um observador na Terra não percebe o deslocamento do planeta ao redor do Sol (movimento de translação); o que ele observa é o Sol se deslocando ao redor da Terra durante o movimento de rotação, por isso a expressão "movimento aparente do Sol".
   b) Estações do ano.
   c) A distância, em graus, dos trópicos de Câncer e Capricórnio em relação ao equador (23°27' N e S) coincide com o ângulo de inclinação do eixo terrestre em relação ao plano da órbita do planeta em torno do Sol. Quando se inclina uma esfera, a posição do centro em relação a um referencial (o Sol) também muda – desse modo, nos dias de solstício o centro da esfera é um dos trópicos, quando o Sol está no zênite desta posição. Os trópicos de Câncer e Capricórnio são o ponto máximo de incidência perpendicular dos raios solares (Sol "a pino"), marcando o início do solstício de verão alternadamente em cada um dos hemisférios.

MÓDULO 3

Testes

1. B
2. C
3. E
4. C
5. E
6. D
7. 91 (01 + 02 + 08 + 16 + 64)
8. A
9. E
10. C
11. D
12. B

Questão

13. a) Os elementos são a escala e a projeção cartográfica. A escolha da escala – relação de proporção entre o objeto representado e a realidade – pode mostrar maior ou menor detalhamento dos elementos que compõem o espaço geográfico. A escolha do tipo de projeção cartográfica – propriedades da relação entre o plano e a esfera – pode alterar o tamanho ou a forma das terras.
    b) Para representar o globo terrestre é preciso utilizar escalas muito pequenas que, dependendo do tamanho do mapa-múndi, podem chegar a 1:200 000 000. Para representar o interior de uma habitação é preciso utilizar uma escala muito grande, algo como 1:100 ou 1:50; se o interesse for mostrar a casa e seu entorno pode ser algo como 1:2 000.

14. a) A escala do mapa é de 1:7 700 000, o que significa que 1 cm do mapa equivale a 7 700 000 cm na realidade ou 77 km.
    A distância real entre Rio de Janeiro e Vitória é 385 km.
    1 —— 77
    5 —— X
    X = 77 × 5
    X = 385 km

    A distância real entre Vitória e Belo Horizonte é 346,5 km.
    1 —— 77
    4,5 —— X
    X = 77 × 4,5
    X = 346,5 km
    b) Do Rio de Janeiro a Vitória a direção geográfica será no sentido nordeste e de Vitória a Belo Horizonte, no sentido oeste.

MÓDULO 4

Testes

1. C
2. B
3. D
4. D

Questão

5. Dois importantes recursos tecnológicos utilizados na elaboração de mapas que não estavam disponíveis no século XIX são as imagens de satélite e a aerofotogrametria, além dos computadores, que processam as imagens coletadas.
   As colônias que integravam o Império Britânico estavam distribuídas pelos hemisférios ocidental e oriental, em todos os continentes. Por exemplo: Canadá (América), África do Sul (África), Índia (Ásia) e Austrália (Oceania). Portanto, a qualquer hora do dia, havia sempre um território localizado na face iluminada da Terra.

MÓDULO 5

Testes

1. D
2. C
3. V – F – F – V – V
4. D
5. C
6. A
7. B
8. A
9. D

Questões

10. O corte que identifica o perfil topográfico é o 3-4.
    Entre as principais características geográficas destaca-se o relevo plano e as inundações periódicas no Pantanal; o relevo plano com presença de chapadas em clima tropical e diversos divisores de águas no Planalto Central (bacias Platina, Amazônica e São Francisco); e presença da depressão sertaneja com clima semiárido no interior da Bahia.

11. a) O sudeste da Ásia se localiza no Círculo de Fogo do Pacífico, região onde há o encontro de várias placas tectônicas e consequente ocorrência de intensa atividade sísmica e vulcânica. Os solos de origem vulcânica resultam da decomposição do basalto e são muito férteis, o que promoveu adensamento humano ligado às atividades agrícolas ao longo da história.

   b) Erupções vulcânicas de grande porte lançam milhares de toneladas de cinza vulcânica na atmosfera, o que reduz a quantidade de raios solares que atingem a superfície do planeta e, portanto, o aquecimento da superfície e a irradiação de calor à atmosfera.

12. As placas tectônicas são imensos fragmentos encaixados da crosta terrestre. No Brasil, os abalos sísmicos são de pequena intensidade na escala Richter porque são provocados por acomodação do terreno em áreas onde há falhas geológicas.

MÓDULO 6

Testes

1. D
2. C
3. F – F – V – V – V
4. E

Questão

5. a) Em relevos de declividade acentuada e sujeitos a elevados índices pluviométricos há uma tendência natural à ocorrência de processo erosivo mais acentuado porque as águas escoam pelas vertentes com maior velocidade e, portanto, com maior capacidade de transportar material em suspensão; quando a ação humana promove desmatamento, deixa os solos expostos à ação dos agentes erosivos, intensificando a ocorrência de erosão.

   b) A ocupação desordenada de encostas por moradias e arruamento que não acompanham as curvas de nível torna a ação erosiva mais intensa e aumenta substancialmente as chances de ocorrência de escorregamentos.

MÓDULO 7

Testes

1. D
2. F – V – V – F – V
3. D
4. 11 (01 + 02 + 08)
5. B

Questão

6. a) Na porção do continente que se localiza na zona temperada do planeta os principais fatores que contribuem para a ocorrência de baixas temperaturas e precipitação de neve são as latitudes elevadas, presença de correntes marítimas frias, cadeias montanhosas e ação intensa de massas de ar polares; nas regiões sul-americanas localizadas na zona tropical, há ocorrência de neve somente onde as grandes cadeias montanhosas e serras com altitudes elevadas explicam as baixas temperaturas que possibilitam esse tipo de precipitação.

   b) A precipitação de neve está associada a temperaturas baixas e à grande umidade relativa do ar.

MÓDULO 8

Testes

1. D
2. 27 (01 + 02 + 08 + 16)
3. B

Questão

4. a) Ilha de calor.

   b) Nas regiões centrais das grandes cidades há intensa impermeabilização dos solos, adensamento de edifícios e emissão de gases na atmosfera, fatores que provocam aumento das temperaturas.

   c) Aumento de áreas verdes, incentivo ao uso de transporte coletivo e legislação que iniba o adensamento de prédios.

MÓDULO 9

Testes

1. B
2. B
3. 24 (08 + 16)
4. 26 (02 + 08 + 16)
5. 28 (04 + 08 + 16)

Questões

6. a) A cor escura das águas do rio Negro decorre da grande quantidade de matéria orgânica transportada em suspensão.

   b) Como o rio corre em relevo plano a velocidade de escoamento das águas é baixa, o que favorece a sedimentação e consequente formação de ilhas em seu leito. Algumas ilhas têm área emersa em tamanho que permite sua ocupação pela mata de igapó, que se desenvolve em terrenos permanentemente alagados e mata de várzea, onde ocorre inundação no período das cheias.

7. Bacia hidrográfica é uma área delimitada por divisores de águas, por onde converge toda a água das chuvas que escoa pelas vertentes, que são as encostas do terreno. Nos fundos dos vales se localizam os rios principais, com seus afluentes e subafluentes, que formam a rede de drenagem. Os rios se deslocam do alto curso (montante) em direção à foz (no baixo curso ou jusante); quando correm em relevos planos os rios formam curvas ou meandros. A bacia hidrográfica é utilizada como recorte espacial para diagnósticos ambientais porque forma uma unidade em cujo interior há interligação entre a dinâmica das águas, dos solos e dos ecossistemas.

MÓDULO 10

Testes

1. A
2. A
3. 27 (01 + 02 + 08 + 16)

Questões

4. Vegetação mediterrânea, adaptada a verões quentes e secos e invernos amenos e úmidos, com predomínio de vegetação arbustiva e rasteira (maquis e garrigue).

5. a) Atualmente as queimadas são monitoradas por mapas produzidos com base em imagens feitas por satélites; como as imagens são produzidas em escalas pequena e grande, permitem melhor planejamento e fiscalização.

   b) Entre as latitudes 5° e 15° sul e as longitudes 45° e 50° oeste estão o norte de Goiás, o Tocantins, o sul do Maranhão, o oeste da Bahia, o sudoeste do Piauí e o sudeste do Pará, onde as queimadas ocorrem principalmente no Cerrado e na Floresta Amazônica.

   c) As queimadas estão associadas à expansão das fronteiras agropecuárias, com instalação de modernas agroindústrias e também de famílias que praticam agricultura de subsistência.

MÓDULO 11

Testes

1. D
2. A
3. C
4. 41 (01 + 08 + 32)

Questão

5. Sustentabilidade, ou desenvolvimento sustentável, corresponde à busca do crescimento econômico voltado à justiça social e

150

à preservação ambiental, para garantir as necessidades da geração atual sem comprometer as das gerações futuras.

A partir de meados do século XX as agressões ambientais atingiram uma escala global. Como a proteção ambiental requer estratégias que atingem as nações do mundo inteiro, qualquer política que se estabeleça atinge estruturas políticas, sociais, econômicas e ambientais muito diferenciadas, o que gera vários impasses ao avanço dessa temática.

MÓDULO 12

Testes

1. D 2. C 3. B 4. B 5. C 6. A

Questão

7. a) A valorização de um fixo (um imóvel, por exemplo) está restrita às condições de sua localização no território. Ao ser transformado em fluxo (capital especulativo, por exemplo) tem possibilidades de se valorizar mais rapidamente. A Revolução Informacional, a globalização econômica e a desregulação dos mercados ampliaram a escala, a velocidade e a amplitude de circulação dos capitais que se movimentam pelo sistema financeiro globalizado em busca dos investimentos mais rentáveis.

b) Dentre os efeitos da crise financeira sobre os fixos no território pode--se mencionar, entre outros, a desvalorização dos imóveis e a dificuldade de utilizá-los como garantia para novos empréstimos (hipotecas), a falência de bancos e empresas industriais e comerciais e o consequente aumento do desemprego e dos problemas sociais.

MÓDULO 13

Testes

1. A 2. A 3. A 4. A 5. C 6. B

MÓDULO 14

Testes

1. B   2. 14 (02 + 04 + 08)
3. B   4. 30 (02 + 04 + 08 + 16)
5. E   6. B
7. D

MÓDULO 15

Testes

1. B   2. A   3. C   4. E
5. 18 (02 + 16)   6. B

MÓDULO 16

Testes

1. C   2. C   3. C   4. C   5. C   6. D

▣ Exercícios-tarefa

MÓDULO 1

Testes

1. A   2. C   3. C

MÓDULO 2

Testes

1. B   2. A   3. C   4. B   5. C
6. E   7. E   8. D   9. B   10. D

Questão

11. Os dois movimentos são: o de rotação e o de translação. Rotação é o movimento que a Terra realiza em torno de seu eixo e dura aproximadamente 24 horas (um dia). Esse movimento é responsável pela sucessão dos dias e das noites e pela existência dos fusos horários. Translação é o movimento que a Terra realiza em torno do Sol e dura aproximadamente 365 dias (um ano). Esse movimento, combinado com a inclinação do eixo da Terra, resulta na sucessão das estações ao longo do ano e, consequentemente, na variação da duração dos dias e das noites conforme a latitude.

MÓDULO 3

Testes

1. A   2. C   3. B   4. C
5. D   6. D   7. A   8. B
9. A   10. E   11. D   12. A
13. C   14. D   15. B   16. D

MÓDULO 4

Testes

1. A   2. V – F – V – F – V
3. A   4. E

Questão

5. Os focos de incêndio aparecem principalmente na África Subsaariana e estão associados ao preparo da terra para o plantio a partir de técnicas arcaicas com base em queimadas que destroem a floresta. Em menor escala há focos de incêndio no Sudeste Asiático e na América Latina.

As áreas em amarelo indicam campos de exploração de gás natural concentrados, sobretudo, na Rússia, Nigéria e no Golfo

Pérsico. São áreas caracterizadas pela poluição do ar, gerada por queima de combustível fóssil.

As frotas de navios pesqueiros aparecem fortemente concentradas no Extremo Oriente, nas costas do Japão, da Coreia do Sul e da China. Em países como o Japão a pesca comercial está na base alimentar de sua população, justificando a concentração.

As luzes das cidades estão fortemente concentradas no centro-leste dos Estados Unidos, sudeste do Canadá e na Europa Ocidental. Algumas áreas da Ásia, como Japão, leste da China e sul da Índia, também mostram concentrações importantes de cidades. As variações de concentrações de luzes são indicadores de maior ou menor consumo de energia, portanto, de economias de maior ou menor desenvolvimento técnico.

MÓDULO 5

Testes

1. E   2. D   3. D   4. E
5. D   6. A   7. D   8. B
9. A   10. B   11. D   12. B
13. C   14. A   15. B   16. A
17. A   18. V – F – F – V – F
19. A   20. D   21. C
22. A   23. A   24. D

Questões

25. a) Os terremotos são abalos sísmicos de grande intensidade que resultam da movimentação das placas tectônicas.
 b) Os abalos sísmicos que acontecem em território brasileiro estão associados à acomodação de camadas do terreno em regiões onde há falhas geológicas. Como o país se encontra no meio da placa Sul-americana, não ocorrem terremotos de grande intensidade. Qualquer área da crosta terrestre está sujeita a atividades sísmicas. A diferença está em sua intensidade.

26. Os agentes internos (endógenos) são os formadores do relevo e resultam das forças tectônicas, provenientes do interior da crosta. São eles: movimento das placas tectônicas, vulcanismo e abalos sísmicos. Os agentes externos (exógenos) estão associados às forças erosivas (chuva, vento, oceanos, geleiras, rios etc.) e são os modeladores do relevo.

MÓDULO 6

Testes

1. B 2. A 3. D 4. B
5. D 6. E 7. D

Questão

8. a) A perda de solos em lavouras e pastagens é consequência da erosão.
   b) Com o intemperismo das rochas e a formação dos solos, as partículas minerais e orgânicas podem ser transportadas pelos agentes erosivos (chuva, vento, rios etc.). A ação humana, ao promover o desmatamento, a ocupação de encostas e outras intervenções, acelera e intensifica o processo erosivo.

MÓDULO 7

Testes

1. A 2. D
3. 27 (01 + 02 + 08 + 16) 4. A
5. B 6. E
7. E 8. C
9. A 10. B
11. D 12. B
13. B 14. A
15. D

Questão

16. A Corrente do Golfo é quente porque se forma no mar do Caribe, uma região de clima tropical e com elevadas temperaturas na atmosfera e no oceano. Quando atinge a Europa ocidental, em latitudes mais elevadas, ela aquece a atmosfera e ameniza os rigores do inverno; já Montreal e Nova Iorque sofrem ação da corrente marítima fria do Labrador, o que acentua a queda das temperaturas nos meses de inverno.

MÓDULO 8

Testes

1. A 2. C 3. C 4. E
5. B 6. C 7. B

Questão

8. a) Nos anos de ocorrência do El Niño há elevação na temperatura das águas superficiais do oceano Pacífico. O fenômeno tem esse nome em homenagem ao menino Jesus, porque o aquecimento das águas sempre se inicia nos meses de dezembro.
   b) Com o aquecimento das águas há redução na ressurgência, fenômeno natural no qual as águas profundas sobem, levando muitos nutrientes que atraem cardumes e outros organismos marinhos, com consequente queda de pescado. No nordeste brasileiro agrava-se muito a intensidade das secas porque as massas de ar úmidas provenientes da Amazônia são desviadas para a região sul.

MÓDULO 9

Testes

1. D 2. D
3. B 4. E
5. A 6. B
7. D 8. E
9. E 10. B
11. D 12. B
13. 11 (01 + 02 + 08) 14. A
15. B 16. B
17. A 18. D
19. E 20. D
21. D

Questão

22. a) A menor predisposição para o transbordamento do rio da figura 1 decorre da presença de vegetação densa, que diminui a velocidade de escoamento das águas pluviais, o que favorece sua infiltração e diminui a quantidade de água que atinge a calha do rio.
    b) A impermeabilização dos solos com cimento e asfalto impede a infiltração de água e, portanto, aumenta a quantidade que chega à calha dos rios, provocando enchentes. Outro problema que agrava as enchentes é o lançamento de esgoto e outros detritos nos rios, causando assoreamento e consequente redução em sua capacidade de escoamento. Os principais impactos socioambientais são a inundação de casas e outras construções próximas às suas margens, impedimento do tráfego de veículos acarretando grandes congestionamentos e transmissão de doenças.

MÓDULO 10

Testes

1. B 2. C 3. 06 (02 + 04)
4. A 5. A 6. D
7. C 8. C 9. C

Questão

10. a) As florestas equatoriais estão associadas ao clima quente e úmido, possuam vegetação de grande porte, perene, latifoliada e com enorme biodiversidade.
    b) A vegetação da caatinga possui arbustos, cactos e vegetação rasteira, com espécies xerófilas e caducifólias.
    c) Temperatura e umidade, cujas variações nos diversos tipos climáticos dão origem a diferentes tipos de cobertura vegetal.
    d) Erosão dos solos e assoreamento dos rios.

MÓDULO 11

Testes

1. A 2. 10 (02 + 08)
3. C 4. C
5. E 6. D
7. C 8. C
9. 9 (4 + 5) 10. 16

MÓDULO 12

Testes

1. C 2. F – V – F – V – F
3. D 4. B
5. D 6. D
7. D 8. D
9. E 10. B
11. D

MÓDULO 13

Testes

1. C 2. A 3. E 4. D
5. A 6. B 7. B 8. B
9. C 10. D 11. D

MÓDULO 14

1. C 2. D 3. E 4. C
5. A 6. B 7. C

MÓDULO 15

Testes

1. E 2. E
3. B
4. V – V – V – F (o Irã é capitalista) – F (a Arábia Saudita está na placa da Arábia)
5. C 6. D
7. B 8. B

MÓDULO 16

Testes

1. B 2. B 3. C 4. E
5. D 6. C 7. C 8. C
9. C 10. D 11. D

152